Die offizinellen ätherischen Öle und Balsame.

Zusammenstellung

der

Anforderungen der 14 wichtigsten Pharmakopoeen
in wortgetreuer Übersetzung.

Im Auftrage der Firma E. Sachsse & Co., Fabrik ätherischer Öle, Leipzig

bearbeitet von

Apotheker C. Rohden,

Chemiker bei der Firma E. Sachsse & Co.

Springer-Verlag Berlin Heidelberg GmbH
1911.

© Springer-Verlag Berlin Heidelberg 1911
Ursprünglich erchienen bei E. Sachsse & Co., Leipzig 1911
Softcover reprint of the hardcover 1st edition 1911

ISBN 978-3-642-51295-7   ISBN 978-3-642-51414-2 (eBook)
DOI 10.1007/978-3-642-51414-2

Vorwort.

Die deutsche Industrie der ätherischen Öle hat in den letzten Jahrzehnten einen erfreulichen Aufschwung genommen und ihm verdankt sie es, daß sie in alle Länder der Welt ihre Erzeugnisse ausführt. Unter diesen nehmen die für den medizinischen Gebrauch bestimmten einen hervorragenden Platz ein.

Da die verschiedenen Staaten in ihren Arzneibüchern oft ganz verschiedene Anforderungen an die einzelnen Öle stellen, so ist es unerläßlich, die einzelnen Anforderungen, besonders auch die oft ganz eigenartigen Prüfungsvorschriften genau zu kennen, um danach die für den Einzelfall geeigneten Öle auszuwählen.

Die Benutzung der verschiedenen Arzneibücher ist immerhin zeitraubend und auch nicht jedem möglich, da sie die Kenntnis der verschiedenen fremden Sprachen voraussetzt. — Hier will nun vorliegende Schrift eingreifen, indem sie eine wortgetreue Übersetzung der Anforderungen in zweckentsprechender Zusammenstellung bringt. Der Umstand, daß sich die Arbeit im eigenen Gebrauch als praktisch und unentbehrlich erwiesen hat, veranlaßt mich, sie weiteren Kreisen zugängig zu machen.

Leipzig, im März 1911.

C. Rohden.

Inhaltsverzeichnis.

Anethol.

Anéthol. Essence d'anis.

Belgien III 1906.

Der feste sauerstoffhaltige Bestandteil des Anisöles. Weiße kristallinische Lamellen von eigenartigem Geruch und süßem Geschmack. In Wasser ist es wenig, in 95% Alkohol leicht löslich. Frisches Anethol schmilzt bei $+ 22^0$ C zu einer farblosen, stark lichtbrechenden Flüssigkeit. Es erstarrt bald, dreht das polarisierte Licht nicht und siedet bei 232^0—234^0 C.

$D_{25} = 0{,}984$—$0{,}986$. Vor Licht und Luft zu schützen.

Anetholum. Anethol.

Japan III 1907.

Der sauerstoffhaltige Bestandteil des Fenchel- und Anisöles. Weiße Kristallmasse von starkem aromatischen Geruch und süßem Geschmack. Schmelzpunkt 20^0—21^0 C. Siedepunkt 232^0—234^0.

Spez. Gew. bei $25^0 = 0{,}984$—$0{,}986$. Ein Teil Anethol soll mit 2 Teilen Alkohol (90 Vol. %) eine klare Lösung geben.

Anethol.

Niederlande IV 1905.

Ein Hauptbestandteil des Anis- und Fenchelöles. Eine weiße Kristallmasse mit einem vom Anisöl ein wenig abweichenden Geruch und süßlichem Geschmack. Optisch inaktiv. Spez. Gew. bei $25^0 = 0{,}984$—$0{,}986$. Bei $+ 21^0$ wird es flüssig. Bei 235^0 siedet es. Anethol soll sich in 2 Volumen Alkohol 90% lösen, nötigenfalls soll es dabei erst auf 20^0 erwärmt werden.

Anetholum.

Österreich VIII 1906.

Aus dem Öle des Anisum vulgare bereitet, stellt es eine weiße Kristallmasse dar mit dem eigenartigen Geruch des Anis und süßlichem aromatischen Geschmack. Spez. Gew. bei $25^0 = 0,984—0,986$. Bei $20^0—21^0$ schmilzt es, Siedepunkt $232^0—234^0$. Anethol soll sich in 2 Teilen Alkohol (90 Vol. %) ganz lösen. Durch Wärme verflüchtigt es sich von selbst allmählich, entweder ohne Rückstand oder mit Hinterlassung von einem ganz geringen Rückstand.

Anetholum. Anetol.

Schwe-
den IX
1908.

Der feste Bestandteil von dem aus *Fructus Anisi* durch Destillation hergestellten flüchtigen Öle.

Weiße blätterige kristallinische Masse mit starkem Geruche nach Anis und süßem Geschmacke, bei $21^0—22,7^0$ schmelzend zu einer farblosen oder schwach gelblichen, ein wenig dickflüssigen Flüssigkeit, die bei $233^0—234^0$ siedet und bei 20^0 erstarrt. Spez. Gew. bei $25^0 = 0,984—0,986$. Anethol ist optisch inaktiv und gibt mit weniger als 2 Teilen Alkohol 90%, eine klare, neutral reagierende Lösung. Bewahre es auf wie flüchtige Öle.

Wenn vorgeschrieben ist Oleum Anisi oder Oleum Foeniculi, darf an deren Stelle Anethol abgegeben werden.

Apiol.

Apiol. Camphre de Persil.

Frank-
reich
1908.

Apiol, der Hauptbestandteil der Petersilie, Petroselinum sativum, kristallisiert in langen, farblosen Nadeln und hat einen schwachen Geruch nach Petersilie.

Spez. Gew. bei $15^0 = 1,015$ [1]). Schmelzpunkt $+ 30^0$, nach dem Erkalten bleibt es noch längere Zeit flüssig. Es siedet bei 294^0 und destilliert ohne Rückstand. Mit Wasserdampf destilliert es über. In Wasser fast unlöslich, löst es sich in der Kälte in Alkohol, Äther und fetten Ölen. Optisch ist es inaktiv. Seine Lösungen wirken auf Lackmuspapier nicht ein. Erwärmt man langsam Apiol mit konzentrierter Schwefelsäure, so löst es sich und die Flüssigkeit nimmt eine purpurrote charakteristische Farbe an.

Salpetersäure oxydiert es in der Wärme unter Bildung von Oxalsäure und anderen Produkten. Wässerige Lösungen der Alkalien wirken nicht auf Apiol ein; alkoholische Lösungen der Alkalien verwandeln es bei sehr langem Kochen in sein Isomeres „Isoapiol".

---

[1]) Anmerkung des Verfassers:

Diese Angabe ist unrichtig, das spez. Gewicht bei 15^0 beträgt vielmehr ca. 1,175.

Isoapiol ist unlöslich in Wasser und kristallisiert in großen quadratischen Tafeln, die bei $+ 56^0$ schmelzen. Apiol soll farblos sein und die oben erwähnten physikalischen Eigenschaften haben. An Wasser darf es nichts abgeben und soll sich gänzlich in Alkohol und Äther auflösen. Auf dem Platinblech soll es mit heller Flamme verbrennen, ohne einen festen Rückstand zu hinterlassen.

Balsamum Copaivae.

Copaiba.

Amerika VIII 1905.

Ein Balsam, der aus einer oder mehreren südamerikanischen Arten von Copaiva (Fam. Leguminosen) stammt.

Hellgelbe oder bräunlichgelbe, mehr oder weniger durchsichtige zähe Flüssigkeit, manchmal fluoreszierend, mit eigenartigem aromatischen Geruch und einem durchdringenden, bitteren und scharfen Geschmack. $D_{25} = 0{,}950 - 0{,}955$.

Unlöslich in Wasser, löslich höchstens mit geringer Opaleszenz in absolutem Alkohol, Schwefelkohlenstoff, Benzin, fetten und flüchtigen Ölen, vollständig löslich in Chloroform und Äther. Auf dem Wasserbade erhitzt, darf sich kein Terpentingeruch entwickeln und nach 48 Stunden soll eine Harzmasse von mindestens $50^0/_0$ des ursprünglichen Gewichtes nachbleiben. 1 g Balsam, gelöst in 50 ccm Alkohol $95^0/_0$, soll nicht weniger als 2,3 ccm und nicht mehr als 2,8 ccm halbnormaler alkoholischer Kalilauge zur Neutralisation gebrauchen mit 1 ccm Phenolphthalein als Indikator. (Anwesenheit von normaler Menge Harzsäure.) Wenn man 4 Tropfen Salpetersäure ($D_{25} = 1{,}40$) und 1 ccm Eisessigsäure im Reagenzglase mischt und dann 4 Tropfen Balsam sehr vorsichtig auf die Mischung gießt, so darf keine rötliche Zone entstehen, auch darf die Flüssigkeit keine rote oder purpurne Farbe nach dem Schütteln annehmen.

Schüttelt man 5 ccm Balsam mit 15 ccm Alkohol $95^0/_0$, und erhitzt 1 Minute zum Sieden, so darf sich kein Tropfen Öl nach einstündigem Stehen und Abkühlen ausscheiden.

Kocht man 20 Tropfen Balsam mit 1 ccm alkoholischer Kalilauge (1:10) 2 Minuten lang und läßt abkühlen, setzt dann das doppelte Volumen der Flüssigkeit an Äther zu, so darf keine Gelatine entstehen.

Wenn man 1 g Balsam mit 10 ccm Salmiakgeist in einer wohlverschlossenen Flasche schüttelt und 24 Stunden stehen läßt, so wird die Flüssigkeit trübe, aber sie darf nicht gelatinieren, noch darf sie eine feste Masse bilden.

Baume de Copahu.

Belgien
III 1906.

Ein Balsam aus verschiedenen Copaifera-Arten.

Eine klare, wenig oder gar nicht fluoreszierende Flüssigkeit von reingelber bis rotbrauner Farbe, starkem und durchdringendem Geruch und scharfem, bitterem Geschmack. Er löst sich in Amylalkohol, Ölen, Äther und Schwefelkohlenstoff und gibt mit diesen leicht opalisierende Lösungen. Spez. Gew. bei $15^0 = 0{,}980—0{,}990$. Verdampft man einige Tropfen Balsam auf dem Wasserbade, so bleibt ein hart werdender, nach dem Erkalten brüchiger Rückstand. Die Säurezahl soll zwischen 75 und 85 liegen, die Esterzahl soll nicht über 14 hinausgehen.

Balsamum Copaivae. Kopaivabalsam.

Däne-
mark
VII 1907.

Verschiedene Copaifera-Arten, darunter C. Langsdorfii Desfontaines, C. officinalis L., C. Guyanensis Desfontaines, C. coriacea Martius. — Caesalpiniaceae.

Ein gelber bis bräunlichgelber, klarer und bis sirupdicker Balsam, der eine schwache grünliche Fluoreszenz haben kann. Spez. Gew. bei $15^0 = 0{,}940—0{,}980$, Geruch eigentümlich aromatisch, Geschmack scharf und etwas bitter.

Copaivabalsam löst sich klar in Chloroform. Mit Petroläther gibt er eine Lösung, die bei kurzem Hinstellen in der Regel weiße Flocken abscheidet. Beim Erwärmen auf dem Wasserbade darf die Lösung nicht nach Terpentin riechen. Der Eindampfungsrückstand soll nach dem Erkalten spröde werden. Schüttelt man 2 Teile Balsam mit 1 Teil Ammoniakwasser, so darf diese klare Mischung selbst bei Abkühlung nicht fest werden. Mit 10 Teilen Ammoniakwasser geschüttelt, gibt der Balsam eine stark opalisierende Flüssigkeit, die selbst bei Abkühlung nicht fest oder gallertartig werden und sich beim Hinstellen nicht in klare Schichten trennen darf.

Eine Auflösung von 2 Tropfen Copaivabalsam in 7 ccm Eisessig darf nach dem Zusammenschütteln mit 2 Tropfen Salpetersäure nicht unter 5 Minuten eine blaßrote oder violette Farbe zeigen.

Balsamum Copaïvae. Copaivabalsam.

Deutsch-
land V
1910.

Der aus den Stämmen verschiedener Copaïfera-Arten, besonders der Copaïfera officinalis Linné, Copaïfera guyanensis Desfontaines und Copaïfera coriacea Martius ausfließende Balsam.

Copaivabalsam ist eine klare, dickliche, gelbbräunliche, nicht oder nur schwach fluoreszierende Flüssigkeit von eigenartigem, würzigem Geruch und scharfem, schwach bitterem Geschmack. Copaivabalsam gibt mit Chloroform und absolutem Alkohol klare oder schwach opalisierende Lösungen.

Gleiche Raumteile Copaivabalsam und Petroleumbenzin mischen sich klar. Auf weiteren Zusatz von Petroleumbenzin wird die Mischung flockig trübe.

Spezifisches Gewicht bei $15^0 = 0{,}980—0{,}990$.

Säurezahl 75,8 bis 84,2. Verseifungszahl 84,2—92,7.

Wird eine Lösung von 3 Tropfen Copaivabalsam in 3 ccm Essigsäure mit 2 Tropfen frischbereiteter Natriumnitritlösuug versetzt und die Lösung vorsichtig auf 2 ccm Schwefelsäure geschichtet, so darf sich innerhalb einer halben Stunde die Essigsäureschicht nicht violett färben (Gurjunbalsam).

Erwärmt man 1 g Copaivabalsam auf dem Wasserbade 3 Stunden lang, so muß nach dem Abkühlen auf Zimmertemperatur ein sprödes Harz zurückbleiben (fette Öle).

Zur Bestimmung der Säurezahl wird eine Lösung von 1 g Copaivabalsam in 50 ccm Weingeist (90—91 Vol. $^0/_0$) mit 1 ccm Phenolphthaleinlösung und mit weingeistiger $^1/_2$-Normal-Kalilauge bis zur Rötung versetzt, wozu 2,7 bis 3,0 ccm verbraucht werden müssen.

Zur Bestimmung der Verseifungszahl wird eine Lösung von 1 g Copaivabalsam in 50 ccm Weingeist (90—91 Vol. $^0/_0$) mit 20 ccm weingeistiger $^1/_2$-Normal-Kalilauge versetzt und die Mischung $^1/_2$ Stunde lang im Wasserbade am Rückflußkühler erhitzt. Dann verdünnt man mit 200 ccm Wasser, versetzt mit 1 ccm Phenolphthaleinlösung und Halb-Normal-Salzsäure bis zur Entfärbung, wozu 16,7 bis 17 ccm erforderlich sein müssen.

Copaiba.

England 1898.

Balsam aus dem Holze der Copaifera Langsdorfii und anderer Copaifera-Arten.

Eine mehr oder weniger zähe Flüssigkeit, im allgemeinen transparent und nicht fluoreszierend. Einige Arten sind opaleszent und gelegentlich leicht fluoreszierend. Gering gelb bis hellgoldbraun von eigenartigem aromatischen Geruch und dauernd scharfem, etwas bitterem Geschmack. Das spez. Gewicht schwankt bei $15{,}5^0$ zwischen 0,916 und 0,993. Erhitzt man ein kleines Quantum, bis alles flüchtige Öl entfernt ist, so bleibt ein Rest, der nach dem Erkalten hart wird und sich leicht zu Pulver verreiben läßt. (Abwesenheit von fetten Ölen.)

Das sich verflüchtigende Öl darf während des Abdampfens nicht nach Terpentin riechen.

Vollständig löslich in absolutem Alkohol und in dem Vierfachen seines Volumens Benzin. Die letztere Lösung hinterläßt eine sehr dünne Schicht, wenn man sie stehen läßt.

Der Balsam soll bis 40% flüchtiges Öl enthalten, das eine Drehung von —28° bis —34° hat. (Abwesenheit von afrikanischem Copaivabalsam.) Der Siedepunkt des Öles soll 250° sein.

Wenn zwei Tropfen Balsam in 20 Teilen Schwefelkohlenstoff aufgelöst werden und ein Tropfen einer kalten Mischung aus gleichen Teilen Salpetersäure und Schwefelsäure hinzugesetzt wird, so soll keine vorübergehend violette Farbe entstehen. (Abwesenheit von Gurjunbalsam.)

Setzt man 4 Tropfen Copaivabalsam vorsichtig zu einer Mischung von 14 g Eisessigsäure und 4 Tropfen Salpetersäure, so soll keine rötliche oder purpurne Farbe entstehen. (Abwesenheit von Gurjunbalsam.)

Frank-
reich
1908.

Copahu. Balsamum Copaivae.

Öliger Harzsaft aus dem Stamm mehrerer Copaifera-Arten, u. a. Copaifera Langsdorfii, C. officinalis u. C. guyanensis (Caesalpiniaceae.)

Dieses Produkt, allgemein Copaivabalsam genannt, ist eine mehr oder weniger dicke klare gelbe oder gelbbraune Flüssigkeit, gewöhnlich durchscheinend und nicht fluoreszierend. Geruch eigentümlich aromatisch, Geschmack scharf, anhaftend, ein wenig bitter. Copaivabalsam löst sich vollständig in Chloroform und Petroläther zu klaren Lösungen. Die alkoholische Lösung ist opalisierend, kaum oder gar nicht fluoreszierend. Spez. Gewicht bei 15° = 0,940—0,990.

Copaivabalsam enthält mindestens 40% ätherisches Öl, dessen Siedepunkt nicht unter 250° liegt.

In eine Porzellanschale gibt man 15 bis 20 Tropfen Copaivabalsam und setzt sie aufs Wasserbad bis zur Verflüchtigung des ätherischen Öles, was ungefähr 4 Stunden dauern wird. Der erkaltete Rückstand soll hart sein und sich in leicht pulverisierbare Stückchen zerbröckeln lassen. (Fette Öle.)

Man löst in einem Reagenzglase einen Tropfen Copaivabalsam in 20 Tropfen Schwefelkohlenstoff und setzt einen Tropfen einer vorher abgekühlten Mischung gleicher Teile Salpetersäure und Schwefelsäure hinzu. Die Mischung soll farblos bleiben oder eine schmutzig-rote Farbe annehmen; sie darf nicht violett oder purpurrot werden. (Gurjunbalsam.)

Man löst 4 g Copaivabalsam in 50 ccm Alkohol 90 %, fügt 5 Tropfen Phenolphthaleinlösung hinzu und titriert mit alkoholischer Normal - Kalilauge. Es sollen 5,4—6,0 ccm verbraucht werden, entsprechend einer Säurezahl von 75—84.

Balsamum Copaivae. Copaivabalsam.

Japan III
1907.

Ein Balsam, erhalten aus den durch Einschnitte in den Stamm erzeugten Wunden verschiedener Pflanzen, die zu den Copaifera-Arten gehören, besonders Copaifera officinalis L., Copaifera guyanensis Desfon. u. Copaifera coriacea Mart.

Eine klare, mehr oder weniger dicke Flüssigkeit von gelblichbrauner Farbe, nicht oder sehr wenig fluoreszierend, von charakteristischem Geruch und brennendem, leicht bitterem Geschmack. Vollständig oder fast vollständig löslich in Chloroform und absolutem Alkohol. Spez. Gew. bei $15^0 = 0,980—0,993$.

Fügt man 4 Tropfen Balsam zu einer Mischung von 6 Tropfen Salpetersäure und 7 ccm Eisessigsäure, so darf die Lösung weder eine rötliche noch eine violette Farbe annehmen.

Löst man 1 g des Balsams in 50 ccm Alkohol (90 Vol. %) und setzt 10 Tropfen Phenolphthaleinlösung hinzu, so sind zur Rotfärbung 2,5 bis 3 ccm alkoholischer Halb-Normal-Kalilauge nötig.

Setzt man noch 20 ccm alkoholischer Halb-Normal-Kalilauge hinzu und erhitzt 15 Minuten auf dem Wasserbade, titriert dann den Überschuß an Kalilauge mit Halb-Normal-Salzsäure zurück, so sollen mindestens 19,6 ccm Salzsäure zur Neutralisation verbraucht werden.

Balsamo di Copaive.

Italien III
1909.

Balsamum copaivae — Copahu — Oleoresina di Copahu —
Balsamo di copaibe.

Ein Balsam aus vielen Copaifera-Arten, Fam. Leguminosae, hauptsächlich aus Copaifera officinalis, Copaifera guyanensis Desfont., Copaifera Langsdorfii, Bäumen in Südamerika, speziell Brasilien; unter den verschiedenen Handelssorten unterscheidet man Para-Balsam aus Brasilien, Maracaibo-Balsam und Columbia-Balsam, der beste ist der erste.

Durchsichtige Flüssigkeit von veränderlicher Konsistenz und gelber oder gelbbrauner Farbe. Geruch besonders nach Firnis, Geschmack scharf bitterlich und durchdringend; bisweilen schwach fluoreszierend. Unlöslich in Wasser, löslich in Äther, Chloroform und im gleichen Volumen Benzol, löslich in fetten und flüchtigen Ölen. In absolutem Alkohol löst er sich meist in allen Verhältnissen,

trotzdem geben einige echte Muster trübe Lösungen. Spez. Gew.
bei 15⁰ = 0,960—0,990. Mit Wasserdampf destilliert gibt er $40-60\%$
Öl und hinterläßt einen Rückstand von $60-40\%$ Harz.

Löst man 1 g Balsam in ca. 50 ccm Alkohol (90 Vol. %) und fügt
10 Tropfen Phenolphthaleinlösung hinzu, läßt nun unter Umschütteln
eine halbnormale alkoholische Kalilauge hinzutropfen bis zur bleibenden Rotfärbung, so sollen nicht weniger als 2,7 und nicht mehr
als 3 ccm angewandt werden. (Säurezahl = 75,8—84,2.) Nun füllt
man mit halbnormaler alkoholischer Kalilauge zu 20 ccm auf, erwärmt ¹/₄ Stunde auf dem Wasserbade und titriert mit Halb-Normal-
Salzsäure den Überschuß an Kalilauge zurück. Man soll 16,7—17,0 ccm
Salzsäure verbrauchen.   (Verseifungszahl 84,2—92,7.)

Gießt man 4 Tropfen Copaivabalsam in eine essigsaure Lösung
von Salpetersäure (1 ccm Eisessigsäure und 4 Tropfen Salpetersäure 1,4),
so darf keine rote Färbung entstehen (Gurjunbalsam).

<table>
<tr><td>

**Nieder-
lande IV
1905.**

</td><td></td></tr>
</table>

Balsamum Copaivae.   Copaivabalsem.

Der aus verwundeten Stämmen verschiedener Copaifera-Arten
ausfließende Balsam.   Eine klare, ölige, ein wenig dicke, gelbe oder
gelblich-bräunliche, nicht oder wenig fluoreszierende Flüssigkeit.
Geruch eigenartig aromatisch, Geschmack dauernd scharf und
bitter.

Spez. Gewicht bei 15⁰ = 0,940—0,990.   Auf dem Wasserbade
verdampft darf Copaivabalsam nicht nach Terpentin riechen.

Nach dem Verdunsten des ganzen flüchtigen Öles soll ein nach
dem Erkalten durchsichtiges und brüchiges Harz zurückbleiben. Copaivabalsam gibt mit dem doppelten Volumen Petroläther eine klare oder
nur leicht trübe Lösung, auch nach Zusatz von Alkohol (Gurjunbalsam).   Mischt man 3 Volumina Balsam mit 1 Volumen Salmiakgeist (D_{15} = 0,960), so soll keine stark getrübte oder milchige
Lösung entstehen. Säurezahl zwischen 28 und 84. Die Verseifungszahl darf von der Säurezahl nicht mehr als um 14 differieren.
Surinam-Copaivabalsam ist dünnflüssiger, er darf in Niederländisch-
Westindien im Arzneigebrauch verwendet werden.

<table>
<tr><td>

**Öster-
reich
VIII
1906.**

</td><td></td></tr>
</table>

Balsamum Copaivae.

Die Arten Copaiba, besonders Copaiba officinalis und Copaiba
guyanensis sind Bäume in den Tropen Mittelamerikas. Der Balsam
fließt auf natürlichem Wege aus den verwundeten Stämmen der

Bäume aus. Eine klare Flüssigkeit von der Konsistenz eines fetten Öles, gelb oder bräunlichgelb. Spez. Gew. bei $15^0 = 0{,}940$ bis $0{,}990$. Geruch eigenartig balsamisch, Geschmack etwas scharf und bitter.

Copaivabalsam soll sich klar lösen in absolutem Alkohol, Äther, Chloroform, Amylalkohol und Schwefelkohlenstoff. Langsam erhitzt darf er nicht nach Terpentinöl riechen. Auf dem Wasserbade verdampft soll er ein schönes, klares, gelbes Harz zurücklassen, das nach dem Erkalten fest, brüchig und amorph wird. 3 g Balsam sollen mit 2 ccm Petroläther eine klare Lösung geben, aus der sich bei weiterem Zusatz desselben Harz in weißlichen Flocken ausscheidet. 3 g Balsam geben mit 1 ccm Salmiakgeist ($D_{15} = 0{,}960$) nach Durchschütteln eine klare Lösung, die auch klar bleibt, wenn unter starkem Schütteln noch 1—2 ccm Salmiakgeist zugesetzt werden. Eine Lösung von 5 Tropfen Balsam in 15 ccm konz. Essigsäure (96 %) soll nach Zusatz von 5 Tropfen konz. Salpetersäure innerhalb 1 Stunde keine rosenrote Farbe annehmen.

Balsamum Copaivae.

Rußland VI 1910.

Copaifera officinalis L. C. guyanensis. C. Langsdorfii Desfont. C. coriacea Mart.

Wird gewonnen durch Anschnitte der Stämme der Copaifera-Arten in Guyana, Brasilien und den angrenzenden Ländern Südamerikas.

Eine mehr oder weniger dicke ölartige Flüssigkeit von gelber oder gelb-brauner Farbe und charakteristischem Geruch. Geschmack nicht unangenehm, bitterlich und etwas scharf.

Spez. Gewicht bei $15^0 = 0{,}960$—$0{,}990$. An der Luft wird der Balsam dick und dunkler und zäher. Fängt leicht Feuer und brennt mit stark rußender Flamme. Unlöslich in Wasser, dagegen leicht löslich in Alkohol 95 %, Äther, Benzin, Petroläther, Chloroform, Schwefelkohlenstoff, Benzol, fetten und ätherischen Ölen.

Beim Destillieren gibt er ca. 50 % ätherisches Öl, wobei ein Rest von hellbraunem, durchsichtigem, sprödem Harz bleibt. Beim Mischen von 10 Teilen Copaivabalsam mit 1 Teil gebrannter Magnesia erhält man eine plastische Masse. Beim Abdampfen eines geringen Quantums Copaivabalsam auf dem Wasserbade bleibt ein amorphes, farbloses, gelbliches oder gelbbraunes Harz, je nach der Farbe des Balsams, zurück; es riecht jedoch nicht nach Terpentin. Beim Zusammenschmelzen von Kolophonium, Terpentin oder fetten

Ölen mit Copaivabalsam erhält man ein leimartiges Harz; im letzten angeführten Falle, sobald man also den Balsam mit fetten Ölen vermengt, soll das Harz beim Erwärmen den scharfen Geruch von Akrolein haben. Mischt man 2 Tropfen Balsam mit 2 ccm Schwefelkohlenstoff und setzt einige Tropfen einer abgekühlten Mischung aus gleichen Teilen rauchender Salpetersäure und Schwefelsäure hinzu, so darf die Mischung keine rote oder violette Farbe annehmen. Die Reaktion geht besser, wenn man das ätherische Öl abdestilliert und mit diesem, nicht mit dem ganzen Balsam, den Versuch macht.

Beim Vermischen von 1 Teil Balsam mit 5 Teilen auf 50^0 erhitzten Wassers erhält man eine trübe Flüssigkeit, die sich im Wasserbade in zwei beinahe durchsichtige Schichten teilen muß.

Beim Vermengen von 2 ccm Balsam mit 8 ccm Petroläther muß man eine durchsichtige Flüssigkeit erhalten. Beim Vermengen von 20 Tropfen Balsam mit 2—3 ccm Salmiakgeist darf kein reichlicher, lange zurückbleibender Schaum entstehen und nach 24 Stunden darf die Mischung nicht gallertartig werden oder einen gallertartigen Satz haben.

Wenn man zur Lösung von 1 g Copaivabalsam in 50 ccm Alkohol (90 Vol. %) 10 Tropfen Phenolphthaleinlösung gibt und darauf alkoholische Halb-Normal-Kalilauge bis zur Rotfärbung, so dürfen nicht weniger als 2,7 ccm und nicht mehr als 3,0 ccm Halb-Normal-Kalilauge verbraucht werden.

Schwe-
den IX
1908.

Balsamum Copaivae. Copaivabalsam.

Man erhält ihn aus den verwundeten Stämmen von Copaifera officinalis L., C. Langsdorfii Desfontaines und anderen Copaifera-Arten.

Gelbe oder gelb-bräunliche, sirupdicke, in Wasser unlösliche, in Alkohol und Äther leicht lösliche Flüssigkeit mit eigentümlich aromatischem Geruch und scharfem, etwas bitterem Geschmack.

Copaivabalsam darf nicht stark fluoreszierend oder klebend sein und darf beim Erhitzen im Wasserbade keinen Geruch nach Terpentin abgeben.

Eine mittelst schwachen Erwärmens im geschlossenen Gefäße bereitete Mischung von 2 Teilen Copaivabalsam und 1 Teil Salmiakgeist soll klar sein und innerhalb 30 Minuten unverändert bleiben, auch bei Abkühlung durch Eiswasser. Eine Lösung von 2 Tropfen Copaivabalsam in 7 ccm konzentr. Essigsäure darf innerhalb 5 Minuten nach dem Zusatz von 2 Tropfen Salpetersäure keine rötliche oder violette Farbe aufweisen. In wohlverschlossenen Gefäßen aufzubewahren.

Copaivabalsam. Baume de Copahu. Balsamo di Copaive. Schweiz
IV 1907

Der Harzbalsam verschiedener Copaiba- (Copaifera) Arten, vornehmlich Copaiba officinalis L. Jacquin, C. guyanensis (Desfontaines) O. Kuntze, C. coriacea (Martius) O. Kuntze.

Der Balsam bildet eine klare, dicke, gelb bis gelbbräunlich gefärbte Flüssigkeit, die wenig oder gar nicht fluoresziert und sich in absolutem Alkohol, in Chloroform und in Amylalkohol klar oder leicht opalisierend löst. Im gleichen Volumen Petroläther löst er sich klar; fügt man dann das 8fache Volumen Petroläther hinzu, so entsteht sofort ein dicker, weißer Niederschlag. Das spez. Gew. des Balsams bei 15⁰ beträgt 0,960—0,990.

5 ccm Copaivabalsam werden in 15 ccm Weingeist gelöst und die Lösung 1 Minute zum Sieden erhitzt. Nach dem Abkühlen sollen sich auch nach Verlauf von 1 Stunde Öltröpfchen nicht abscheiden (Paraffinöle). 20 Tropfen Copaivabalsam werden mit 1 ccm 10 %iger weingeistiger Kalilauge 2 Minuten gekocht, dann nach dem Abkühlen 2 ccm Äther zugesetzt. Es darf keine Gelatinierung eintreten (fette Öle). Erwärmt man 10 g Copaivabalsam 4 Stunden auf dem Dampfbade, so trete kein Terpentingeruch auf. Der Rückstand enthalte keine Kristalle. Werden 10 g Copaivabalsam 48 Stunden auf dem Dampfbade erhitzt, so sollen mindestens 5 g eines hellen, durchsichtigen, spröden und zerreiblichen Rückstandes hinterbleiben.

Zur Bestimmung der Säurezahl löst man 1 g Copaivabalsam in 50 ccm absolutem Alkohol, setzt 10 Tropfen Phenolphthalein hinzu und titriert mit weingeistigem Halb-Normal-Kali bis zur beginnenden Rotfärbung. Die Anzahl der verbrauchten ccm Lauge, multipliziert mit 28,08, ergibt die Säurezahl. Diese betrage 75—85.

Zur Bestimmung der Verseifungszahl übergießt man in einer Glasstöpselflasche von 1 Liter Inhalt 1 g Copaivabalsam mit 20 ccm weingeistigem Halb-Normal-Kali und 50 g Petroläther, läßt unter öfterem Umschwenken 24 Stunden verschlossen stehen, verdünnt mit Weingeist, setzt 10 Tropfen Phenolphthalein hinzu und titriert mit Halb-Normal-Schwefelsäure bis zum Verschwinden der Rotfärbung. Die Anzahl der verbrauchten ccm Lauge, multipliziert mit 28,08, ergibt die Verseifungszahl. Diese betrage 80—90.

Copaivabalsam riecht eigenartig und schmeckt balsamisch kratzend.

Spanien
VII 1905.

Copaiba. Bálsamo de Copaiba.

Balsam aus Copaifera officinalis L. oder anderen Arten derselben Gattung, Leguminosen von den äquatorialen Gestaden des nördlichen und westlichen Südamerikas.

Dicke Flüssigkeit, gelb oder rötlich, durchsichtig ohne Fluoreszenz mit besonderem harzigen Geruch und bitterem, dauernd herben Geschmack. Löslich in absolutem Alkohol, Äther, Chloroform; die Lösung muß klar sein oder ganz leicht opalisieren. Beim Erwärmen darf kein Terpentingeruch entstehen. Nach Verflüchtigung des ätherischen Öles bleibt als Rest eine feste, durchsichtige, trockene und spröde Harzmasse, die sich leicht in Petroläther löst. Die letzten Teile des erhaltenen Öles dürfen keine violette Farbe annehmen, wenn man sie mit einigen Tropfen einer Mischung von gleichen Teilen Salpetersäure und Schwefelsäure schüttelt.

Balsamum peruvianum.

Amerika
VIII
1905.

Balsam of Peru.

Ein Balsam, erhalten aus der Toluifera Pereira (Leguminosen). Zähe Flüssigkeit von dunkelbrauner Farbe, frei von Fasern und Klebrigkeit. Durchsichtig, rötlich-braun in dünner Schicht, von angenehmem, vanilleartigem Geruch und bitterem, scharfem Geschmack mit andauerndem Nachgeschmack. Schluckt man diesen Balsam, so hat man ein brennendes Gefühl in der Kehle. Er erhärtet nicht an der Luft. Spez. Gew. bei $25^0 = 1{,}140 - 1{,}150$. Gänzlich löslich in absolutem Alkohol, Chloroform und Eisessigsäure, nur teilweise löslich in Äther und Petrolbenzin. Löslich in 5 Teilen Alkohol (94,9 Vol. %) mit höchstens geringer Opaleszenz. Mit Wasser geschüttelt zeigt er saure Reaktion. 10 Tropfen Balsam, mit 20 Tropfen Schwefelsäure verrieben geben eine braun-rote zähe Masse, die, mit kaltem Wasser gewaschen, auf ihrer Oberfläche violette Farbe zeigt und getrocknet eine spröde Harzmasse bildet. (Abwesenheit von fetten Ölen.)

Schüttelt man 1 g des Balsams mit 5 ccm Petrolbenzin und erwärmt 10 Minuten im Wasserbade, fügt dann soviel des Lösungsmittels hinzu, um den Verdampfungsverlust zu ersetzen, so darf keine blaue oder grüne Farbe entstehen, wenn 2 ccm der Benzinlösung verdampft und dann 1 Tropfen Salpetersäure (Spez. Gew. bei $25^0 = 1{,}42$) zugesetzt wird. (Abwesenheit von Harz.)

Schüttelt man die bleibenden 3 ccm der Benzinlösung mit gleichem Volumen wässeriger Kupferacetatlösung (1 : 1000), so darf eine grüne oder blau-grüne Farbe nicht entstehen. (Abwesenheit von Harz, Terpentin, Styrax, fetten Ölen u. a.)

Man mischt den Balsam mit seinem halben Volumen an Calciumhydroxyd und erwärmt $^1/_2$ Stunde im Wasserbade; es darf keine feste Masse entstehen. (Abwesenheit von Kolophonium, Styrax oder Copaivabalsam.)

Löst man 1 g Perubalsam in 100 ccm Alkohol auf und fügt 1 ccm Phenolphthaleinlösung hinzu, so dürfen höchstens 2 ccm alkoholischer Halb-Normal-Kalilauge zur Rötung notwendig sein. (Grenze der Harzsäuren.)

Man mischt 3 g Balsam mit 30 ccm Natriumhydroxydlösung, schüttelt einige Minuten mit 60 g Äther, füllt dann 51,5 g der Ätherlösung in einen Kolben und verdampft zur Trockene. Der Rest muß, nachdem er durch allmähliche Wärme bis zum konstanten Gewicht getrocknet ist, mindestens 1,4 g betragen. (Anwesenheit von mindestens 56 % Cinnamein.) Wird dieser Rest in 25 ccm Alkohol aufgelöst und dann mit 25 ccm alkoholischer Halb-Normal-Kalilauge gemischt, dann vorsichtig $^1/_2$ Stunde auf dem Wasserbade erwärmt, so sollen nicht mehr als 13,2 ccm Halb-Normal-Salzsäure notwendig sein, um die Lösung vollständig zu neutralisieren, wenn man 1 ccm Phenolphthalein als Indikator benutzt.

Baume de Pérou.

Belgien III 1906.

Harzsaft aus Myroxylon Pereira (Kl.).

Braunrote oder dunkelbraune sirupartige Flüssigkeit, in dünner Schicht durchscheinend, von angenehmem, an Vanille und Benzoe erinnerndem Geruch, von scharfem und bitterem Geschmack, gänzlich in Essigsäure, Chloroform und in gleichen Teilen Alkohol (94,9 Vol. %) löslich. An der Luft trocknet Perubalsam nicht ein, zeigt sauere Reaktion. Spez. Gew. bei $15^0 = 1,137—1,150$.

Ein Teil Perubalsam, mit 2 Teilen Schwefelsäure verrieben, gibt eine klebrige, rote Masse. Wäscht man sie in kochendem Wasser, bis dieses nicht mehr gefärbt wird, so muß nach dem Erkalten ein festes brüchiges Harz entstehen.

In ein Gefäß von 200 ccm Inhalt gibt man 5 g Perubalsam, 10 ccm Natronlauge, 10 ccm Wasser und 100 ccm Äther und schüttelt durch. Nach der Trennung der Flüssigkeiten nimmt man 50 ccm Äther für sich, verdampft sie und trocknet den Verdampfungsrückstand.

Dieser soll mindestens 1,4 g wiegen. Man löst den Rückstand in 25 ccm Alkohol 94,6 %, setzt 25 ccm alkoholische Halb‑Normal‑Kalilauge hinzu und erwärmt $\frac{1}{2}$ Stunde im Wasserbade. Nach dem Erkalten setzt man 10 Tropfen Phenolphthaleinlösung zu und titriert mit Halb‑Normal‑Salzsäure zurück.

Es sollen höchstens 13,2 ccm gebraucht werden.

Balsamum Peruvianum.   Perubalsam.

Däne-
mark
VII 1907.

Toluifera Pereira Baillon. — Papilionaceae.

Ein dunkelbrauner, dickflüssiger Balsam, der in dünner Schicht klar und rotbraun ist. Perubalsam ist nicht klebend und läßt sich nicht in Fäden ziehen. Er trocknet nicht ein an der Luft. Spez. Gew. bei $15^0 = 1{,}135 - 1{,}150$.

Geruch vanilleartig, Geschmack aromatisch brennend, etwas bitter. Perubalsam ist klar löslich in 1—2 Teilen Weinsprit (90—91 Vol. %); mit 5—6 Teilen Weinsprit bleibt die Lösung trübe. 4 Teile Perubalsam lösen sich klar in einem Teil Schwefelkohlenstoff, erhöht man die Menge des Schwefelkohlenstoffs auf 12 Teile, so scheidet sich eine braune, harzartige Masse ab, die an den Seiten des Glases festklebt. Nach Schütteln mit Wasser darf sich das Volumen des Balsams nicht verringern. Beim Erwärmen im Wasserbade darf kein Geruch nach Terpentin auftreten. Schüttelt man eine Mischung von 4 g Perubalsam und 10 ccm Natriumhydroxydlösung (25 %) mit 100 ccm Äther, so sollen 50 ccm von dieser beim Hinstellen geklärten Ätherschicht einen Eindampfungsrest von mindestens 1,0 g Gewicht geben. Zum Eindampfen verwendet man eine Porzellanschale von ungefähr 8 cm Durchmesser mit rundem Boden, diese setzt man in eine etwas größere Schale mit wenig Wasser und diese zusammen auf das Wasserbad. Nachdem der Äther nach Verlauf von ungefähr 15 Minuten verdampft ist, setzt man die Schale direkt aufs Wasserbad ca. 10 Minuten und wiegt nach Abkühlung. 5 Minuten nach vorstehender Behandlung auf dem Wasserbade wiege man aufs neue und, nachdem die Gewichtsabnahme unter 10 mg liegt, berechne man die Menge des Eindampfungsrückstandes nach dem zuletzt gefundenen Gewicht. Diesen dickflüssigen rotgelben Eindampfungsrest bringe man unter Verwendung von 40 ccm Weinsprit in einen Erlenmeyerschen Kolben, setze 20 ccm alkoholische Halb-Normal-Kalilauge zu und behandle 1 Stunde im Wasserbade unter Anwendung eines Rückflußkühlers. Beim Zurücktitrieren der verseiften Masse mit Halb-

Normal-Salzsäure darf man mit Phenolphthalein als Indikator höchstens 10,8 ccm Säure verbrauchen.

Balsamum peruvianum. Perubalsam.

Deutschland
V 1910.

Der durch Klopfen und darauf folgendes Anschwelen der Rinde von Myroxylon balsamum (Linné) Harms, var. Pereirae (Royle) Baillon gewonnene Balsam.

Perubalsam ist eine dunkelbraune, in dünner Schicht klare, nicht Fäden ziehende, mit gleichen Teilen Weingeist klar mischbare Flüssigkeit. Er besitzt einen eigenartigen, vanilleähnlichen Geruch und kratzenden, schwach bitteren Geschmack. An der Luft trocknet Perubalsam nicht ein.

Gehalt an Cinnamein mindestens 56 Prozent.

Spezifisches Gewicht bei $15^0 = 1,145—1,158$.

Verseifungszahl mindestens 224,6. Verseifungszahl des Cinnameins mindestens 235.

1 g Perubalsam muß sich in einer Lösung von 3 g Chloralhydrat in 2 g Wasser klar lösen (fette Öle).

Zur Bestimmung der Verseifungszahl wird eine Lösung von 1 g Perubalsam in 20 ccm Weingeist (90—91 Vol. %), mit 50 ccm weingeistiger Halb-Normal-Kalilauge versetzt und die Mischung $^1/_2$ Stunde lang im Wasserbade am Rückflußkühler erhitzt. Dann verdünnt man mit 300 ccm Wasser, versetzt mit 1 ccm Phenolphthaleinlösung und Halb-Normal-Salzsäure bis zur Entfärbung, wozu höchstens 42 ccm erforderlich sein dürfen.

Zur Bestimmung des Gehalts an Cinnamein wird eine Mischung von 2,5 g Perubalsam, 5 g Wasser und 5 g Natronlauge mit 50 ccm Äther ausgeschüttelt. 25 ccm der klaren ätherischen Lösung (= 1,25 g Perubalsam) werden in einem gewogenen Kölbchen verdunstet, der Rückstand wird eine $^1/_2$ Stunde lang bei 100^0 getrocknet und nach dem Erkalten gewogen. Sein Gewicht muß mindestens 0,7 g betragen.

Zur Bestimmung der Verseifungszahl des Cinnameins wird dieser Rückstand in 25 ccm weingeistiger Halb-Normal-Kalilauge gelöst und $^1/_2$ Stunde lang auf dem Wasserbade am Rückflußkühler erhitzt, worauf nach Zusatz von 1 ccm Phenolphthaleinlösung Halb-Normal-Salzsäure bis zur Entfärbung hinzugefügt wird.

Balsam of Peru.

England
1898.

Ein Balsam, erhalten aus Stämmen von Myroxylon Pereira Klotzsch, nachdem die Rinde abgeschlagen und angeschwelt ist. Zähe Flüssig-

keit, in der Masse fast schwarz, in dünnen Schichten eine orange-
braune oder rötlichbraune Farbe zeigend und durchsichtig. Hat angenehmen, balsamischen Geruch und scharfen Geschmack; hinterläßt ein brennendes Gefühl in der Kehle. Unlöslich in Wasser, aber
löslich in Chloroform. 1 Volumen Balsam ist löslich in 1 Volumen
Alkohol 90%, aber nach Zusatz von 2 und mehr Volumen Alkohol wird
die Mischung trübe. Spez. Gew. bei $15^{1}/_{2}{}^{0} = 1,137—1,150$. Verreibt
man 10 Tropfen Balsam mit 0,4 g Calciumhydroxyd, so entsteht
eine dauernd weiche Mischung (Abwesenheit von Copaivabalsam und
Harzen), welche nach dem Erwärmen, bis alle flüchtigen Öle verschwunden sind und bis der Verkohlungsprozeß beginnt, keinen Fett-
geruch entwickeln darf (Abwesenheit von Rizinusöl und anderen
fetten Ölen). Mit gleichem Quantum Wasser geschüttelt, darf sich
das Volumen des Balsams nicht verringern (Abwesenheit von Alkohol).
Ungefähr 40% Harz sollen sich ausscheiden, wenn man 1 Teil Balsam
mit 3 Teilen Schwefelkohlenstoff behandelt und die klare oben
schwimmende Flüssigkeit soll hellbraun sein und darf nur ganz gering
fluoreszieren (Abwesenheit von Gurjunbalsam). Schüttelt man 5 g
Balsam mit 5 ccm Natronlauge (spez. Gew. bei $15,5^{0} = 1,16$), und wäscht
dreimal nacheinander mit je 15 ccm reinem Äther, entfernt den
Äther, so soll der Rest nach vorsichtigem Trocknen, bis der Verlust
nach zweimaligem Wiegen nicht mehr als 0,01 g beträgt, zwischen
2,85 und 3 g wiegen. Zu diesem gewogenen Rest füge man 20 ccm
alkoholischer Normal-Kalilauge und 40 ccm Alkohol 90% und läßt
1 Stunde lang am Rückflußkühler verseifen. Nach dieser Behandlung
soll der Rest mit 11,9—12,8 ccm alkoholischer Normal-Kalilauge sich
verbinden (Anwesenheit von genügender Menge Cinnamein). Die
Menge des unverseiften Kali wird auf die gewöhnliche Weise bestimmt durch Titration mit der volumetrischen Schwefelsäure.

Frank-
reich
1908.

Baume de Pérou. Balsamum peruvianum.

Das durch Beklopfen, Einschneiden und Anschwelen der Rinde
von Toluifera Pereira gewonnene Produkt. Perubalsam ist eine
sirupartige Flüssigkeit, in dicker Schicht braunschwarz, in dünner
Schicht braunrot. An der Luft verdickt er sich nicht und wird auch
nicht fest. Er riecht stark aromatisch vanilleartig, sein Geschmack
ist bitter, gefolgt von einer durchdringenden Schärfe. Spez. Gew.
bei $15^{0} = 1,135—1,150$.

Unlöslich in Wasser, löslich in allen Verhältnissen in absolutem
Alkohol, Chloroform, Eisessigsäure. Nur teilweise löslich in Äther,

Benzin, Schwefelkohlenstoff. Mischt sich nicht mit fetten Ölen. Schüttelt man Wasser mit Perubalsam, so rötet es blaues Lackmuspapier. Eine Mischung von gleichen Teilen Perubalsam und 90°/o Alkohol muß klar bleiben. Beim Destillieren einer Mischung von Perubalsam und Wasser darf kein Öl übergehen. Die überdestillierte Flüssigkeit darf keinen Alkohol enthalten; man erkennt ihn an seinen charakteristischen Reaktionen ·oder kann ihn auch isolieren durch Zusatz von neutralem Kaliumkarbonat, bis es sich nicht mehr auflöst.

Balsamum peruvianum. Balsam of Peru.

Japan III 1907.

Ein Balsam, erhalten durch Anräuchern der Rinde von Myroxylon Pereira Klotzsch. Eine dunkelbraune, nicht zähe Flüssigkeit, in dünnen Schichten durchsichtig, mit angenehmem Geruch und etwas bitterem, brennendem Geschmack; trocknet an der Luft nicht ein. Klar löslich in Alkohol (90 Vol. °/o); spez. Gew. bei $15^0 = 1,40—1,62$.

Verreibt man 10 Tropfen Perubalsam mit 20 Tropfen Schwefelsäure, so entsteht eine zähe, klebrige Masse, deren Oberfläche eine violette Farbe annimmt, wenn kaltes Wasser nach 2—3 Minuten darauf gegossen wird. Wäscht man häufiger mit kaltem Wasser, so wird die Masse brüchig. Löst man 1 g Balsam in 20 ccm Alkohol 90°/o und setzt 25 ccm alkoholische Halb-Normal-Kalilauge hinzu, verdünnt nach halbstündigem Kochen auf dem Wasserbade mit 500—600 ccm Wasser, setzt dann 20—30 Tropfen Phenolphthaleinlösung hinzu und titriert mit Halb-Normal-Salzsäure zurück, so sollen höchstens 17 ccm Salzsäure zur Neutralisation des Überschusses an Kalilauge nötig sein. Fügt man zu einer Mischung von 2,5 g Balsam, 15 ccm Wasser und 15 ccm Natronlauge drei Mal je 10 ccm Äther, schüttelt gut durch und verdampft die gemischten Ätherlösungen auf dem Wasserbade, so soll der Rückstand nach dem Trocknen auf dem Wasserbade wenigstens 1,4 g wiegen. Löst man den Rest in 25 ccm Alkohol und setzt 25 ccm alkoholische Halb-Normal-Kalilauge hinzu, kocht dann ½ Stunde auf dem Wasserbade, setzt 10 Tropfen Phenolphthaleinlösung hinzu und titriert dann mit Halb-Normal-Salzsäure zuück, so sollen höchstens 13,2 ccm der Säure zur Neutralisation nötig sein.

Balsamo del Perù. Balsamum peruvianum.

Italien III 1909.

Wahrscheinlich erzeugt aus Toluifera Pereira Baillon (Myroxylon Pereira Klotzsch) (Fam. Leguminosae), einem Waldbaum aus St. Salvador in Mittelamerika.

Sirupähnliche Flüssigkeit, Farbe rotbraun, Geruch erinnert an Benzoe, Geschmack bitter und scharf. Klebt nicht, trocknet nicht ein an der Luft und destilliert nicht, ohne sich zu zersetzen. Schüttelt man ihn mit Wasser, so nimmt dieses sauere Reaktion an. Löst man ihn in gleicher Gewichtsmenge Alkohol 90 %, so erhält man eine klare Flüssigkeit, die sich durch Abscheidung von Harz bei weiterem Zusatz von Alkohol trübt. 3 Teile Balsam geben mit 1 Teil Schwefelkohlenstoff eine klare Lösung, die nach Zusatz von weiteren 8 Teilen Schwefelkohlenstoff sich trübt und ca. $^1/_8$ Teil braunes Harz abscheidet. Spez. Gew. bei $15^0 = 1,135—1,150$.

Man löst 1 g Balsam in 20 ccm Alkohol (90 Vol. %), fügt 50 ccm alkoholischer Halb-Normal-Kalilauge hinzu und kocht das Ganze $^1/_2$ Stunde auf dem Wasserbade. Nun verdünnt man mit 300 ccm Wasser, nimmt Phenolphthalein als Indikator und muß nun zur Neutralisation nicht weniger als 42 ccm Halb-Normal-Salzsäure gebrauchen. (Verseifungszahl = 224,6.) Man schüttelt 5 g Balsam mit 5 ccm Natronlauge 15 %, und schüttelt das Ganze dreimal mit je 20—25 ccm Äther, dann verdampft man denselben. Der bei 100^0 getrocknete Rückstand muß 2,85—3,0 g wiegen. Diesen Rückstand löst man in 40 ccm Alkohol, setzt 40 ccm alkoholische Halb-Normal-Kalilauge hinzu, kocht und läßt 1 Stunde abkühlen. Man darf nicht weniger als 14,4 und nicht mehr als 16,2 ccm Halb-Normal-Salzsäure zur Sättigung anwenden (Cinnamein).

<table>
<tr><td>Nieder-
lande IV
1905.</td><td></td></tr>
</table>

Balsamum peruvianum. Perubalsem.

Der aus dem Baume Myroxylon Pereira Klotzsch gesammelte Balsam. Man schält an einer oder an mehreren Stellen des Baumes die Rinde ab, bohrt den Stamm leicht an und zündet ihn an einer höheren Stelle an. Dunkelbraune, in dünnen Schichten durchsichtige Flüssigkeit, beim Berühren salbenartig dickflüssig. Er bleibt weder kleben, noch kann er zu Fäden ausgezogen werden; an der Luft trocknet er nicht ein. Geruch eigenartig aromatisch nach Vanille, Geschmack sehr scharf, dann bitter. Spez. Gew. = 1,140—1,145 bei 15^0 C. Auf dem Wasserbade erwärmt darf Perubalsam nicht nach Terpentin oder nach Copaivabalsam oder nach Styrax riechen. An Gewicht darf er höchstens 2,5 % verlieren. Tropft man zu 0,5 g Perubalsam unter Umschütteln das doppelte Volumen Schwefelsäure, so entsteht ein dunkelroter Brei, der nach dem Abkühlen und Übergießen mit Wasser auf der Oberfläche violett aussieht und, mit Wasser ausgewaschen, an der Luft bald hart und leicht brüchig wird.

Perubalsam soll mit jeder beliebigen Menge Alkohol eine leicht trübe Lösung von saurer Reaktion geben. Man schüttelt 2 oder 3 g Perubalsam, genau gewogen, mit 10 ccm Natriumhydroxydlösung und 20 ccm Äther eine Stunde lang öfters und stark, gießt die Ätherlösung ab, schüttelt wieder mit 10 ccm Äther und gießt die Ätherlösung wieder ab. Diese Ätherlösungen verdampft man zusammen, ihr Rückstand soll, auf dem Wasserbade bis zum konstanten Gewicht eingedampft, nicht weniger als 55 und nicht mehr als 80 Gewichtsteile des angewendeten Perubalsams betragen. Dieser Rückstand bildet eine aromatische ölige Flüssigkeit, schwerer als Wasser, die sich nicht einmal in kochender Natronlauge löst; erwärmt man einen Tropfen derselben mit 5 ccm Kaliumpermanganatlösung (1 : 10), so entsteht Benzaldehyd.

Balsamum peruvianum.

Österreich
VIII
1906.

Toluifera Pereira ist ein Baum in den Gebirgen des Staates San Salvador in Mittelamerika.

Ein zäher Balsam, ungefähr wie ein Sirup, bei Berührung salbenartig, nicht leimartig, von schwarzbrauner Farbe, in dünneren Schichten dunkelrot, klar durchscheinend; spez. Gew. bei $15^0 = 1,14$ bis 1,16. Er reagiert sauer, trocknet an der Luft nicht ein, Geruch angenehm, vanilleartig, etwas brenzlich, Geschmack ziemlich bitter und scharf. Klar löslich in gleicher Gewichtsmenge Alkohol (90 Vol. %). Drei Teile Balsam nehmen einen Teil Schwefelkohlenstoff ohne Trübung auf; setzt man aber weitere 8 Teile Schwefelkohlenstoff zu, so scheidet sich ein braunschwarzes Harz ab. Die davon abgegossene klare braungelbe Lösung darf nicht fluoreszieren. Eine Lösung des Balsams in Benzin soll nach freiwilliger Verdunstung einen öligen gelblichen Rückstand hinterlassen, der bei gelindem Erwärmen weder nach Terpentin, noch nach Styrax, noch nach Copaivabalsam riechen darf. Durch Zusammenschütteln mit Wasser darf sich das Volumen des Balsams nicht vermindern. 1 Teil Balsam soll sich klar in 5 Teilen Choralhydratlösung (60 = 100) lösen. Wenn man eine Mischung aus 5 g Balsam, je 10 ccm Wasser und Natronlauge und 100 ccm Äther einige Minuten stark schüttelt, dann 50 ccm der klaren Ätherlösung auf dem Wasserbade bis zum konstanten Gewicht verdampft, so soll ein Rückstand von mindestens 1,4 g bleiben, dessen Verseifungszahl 236 sein soll. Mit Wasser destilliert soll der Perubalsam kein ätherisches Öl geben.

Rußland
VI 1910.

Balsamum peruvianum. Balsamum indicum nigrum. Toluifera Pereirae Baillon. Papilionaceae.

Dicke, sirupähnliche, ölige Flüssigkeit von schwarzbrauner Farbe, in dünnen Schichten durchscheinend, nicht klebend. An der Luft trocknet der Balsam nicht ein. Geschmack bitterlich, beißend, Geruch angenehm aromatisch.

Spez. Gew. bei $15^0 = 1{,}135-1{,}145$, er reagiert sauer. Mit Wasser gemischt sinkt er, ohne sich zu lösen, zu Boden. Leicht löslich in 95% Alkohol. In Ätherweingeist, Amylalkohol, Chloroform, in starker Essigsäure, wasserfreiem Aceton teilweise löslich. Drei Teile Balsam und 1 Teil Schwefelkohlenstoff geben eine klare Mischung, weitere 8 Teile Schwefelkohlenstoff scheiden ein braunschwarzes Harz ab. Bei der Destillation mit Wasser gibt der Perubalsam kein ätherisches Öl. Mit Perubalsam bestrichene Korkscheiben dürfen nicht aneinander festkleben. Unter dem Mikroskop darf der Balsam auch lange Zeit, nachdem er auf ein Stück Glas aufgeschmiert ist, keine Kristalle absondern. Schüttelt man 2 Teile Balsam und 8 Teile Petrolbenzin tüchtig durch, so erhält man einen Bodensatz und eine durchsichtige Flüssigkeit. Letztere dampft man in einer Porzellanschale ab, wobei man einen gelben ölartigen Rückstand erhält, der nicht nach Terpentinöl, Styrax oder Copaivabalsam riechen darf. Bei Zusatz einiger Tropfen roher Salpetersäure ($D_{15} = 1{,}338$) zu dem erkalteten Rest und unwesentlichem Anwärmen erhält man eine gelbliche Färbung, aber in keinem Falle darf eine blaugrüne oder eine blaue Färbung entstehen. Schüttelt man 5 Tropfen Balsam mit 3 ccm Salmiakgeist, so erhält man einen sofort verschwindenden Schaum, wobei die Mischung flüssig bleiben muß. Beim Verreiben von 2 Teilen Perubalsam und 1 Teil gelöschtem Kalk im Wasserbade darf die Mischung nicht hart werden oder beim Erwärmen einen Geruch nach Akrolein geben. Beim Vermischen des Balsams mit der doppelten Menge starker Schwefelsäure entsteht eine klebrige dunkelrote Masse; beim Übergießen derselben mit Wasser sieht man nach einigen Minuten eine violette Färbung. Wäscht man mit kaltem Wasser, so erhält man eine spröde Harzmasse. Beim Destillieren von 10—15 g Balsam mit 300—400 ccm Wasser darf kein ätherisches Öl oder Weingeist entstehen. Zum Nachweis des letzteren schüttelt man einige Tropfen des Destillates mit 3 Tropfen Kaliumhydroxydlösung in Wasser, fügt 5 Tropfen Jod-Jodkaliumlösung hinzu und erwärmt. Nach einiger Zeit erhält man einen gelblichen kristallartigen Satz mit dem charakteristischen Geruch von Jodoform.

Perubalsam wird kühl in sorgfältig verschlossenen Flaschen aufbewahrt.

Balsamum peruvianum. Perubalsam.

Schwe-
den IX
1908.

Hergestellt aus Rinden von Myroxylon Pereira Klotzsch.

Dunkelbraune, in Verdünnung klare, in Wasser unlösliche, dickflüssige Flüssigkeit, welche weder klebend ist, noch in Fäden ausgezogen werden kann. An der Luft trocknet sie nicht ein, hat stark
vanilleartigen Geruch und scharfen, kratzenden, bitteren Geschmack.
Von sauerer Reaktion. Spez. Gew. bei $15^0 = 1,135$ bis $1,150$.

4 Teile Perubalsam sollen mit 1 Teil Schwefelkohlenstoff eine
klare Mischung geben, bei Zusatz von weiteren 11 Teilen Schwefelkohlenstoff fällt ein schwarzbraunes Harz aus. Ein Filtrat von diesem
soll keine oder unbedeutende Fluoreszenz zeigen. Perubalsam soll
sich leicht und vollständig in 1 bis 2 Teilen Alkohol $90\,^0/_0$ lösen,
gibt aber mit mehr Alkohol eine milchartige Mischung. Beim Erwärmen
im Wasserbade darf Perubalsam keinen Geruch von Terpentin geben,
und soll sich nach Schütteln mit heißem Wasser sein Volumen nicht
vermindern. Schüttelt man eine Mischung von 2 g Perubalsam,
5 ccm Natronlauge und 5 ccm Wasser mit 100 ccm Äther, so sollen
50 ccm von der in Ruhe abgeschiedenen klaren Ätherschicht nach
der Destillation einen Rückstand geben, welcher nach dem Trocknen
im Wasserbade mindestens 0,55 g wiegt und dessen Verseifungszahl
ungefähr 234 ist. Wird dieser Rückstand in 5 ccm Alkohol $90\,^0/_0$ gelöst, 10 ccm alkoholische Halb-Normal-Kalilauge hinzugesetzt, die
Mischung geschüttelt und 1 Stunde bei gewöhnlicher Temperatur und
1 Stunde im Wasserbade stehen gelassen und nach dem Erkalten
Phenolphthalein hinzugesetzt, so soll man zur Neutralisation höchstens 27 ccm Zehntel-Normal-Salzsäure verbrauchen; die neutrale
Lösung soll nach dem Erwärmen, bis der Alkohol verflüchtigt ist,
und nach dem Erkalten beim Schütteln mit 10 ccm Zehntel-Normal-
Kaliumpermanganat einen starken Geruch nach Bittermandelöl geben.

Perubalsam. Baume du Pérou. Balsamo del Perú. Balsamo peruviano.

Schweiz
IV 1907.

Der Harzbalsam der geschwelten Stämme von Toluifera Pereira
(Klotzsch) Baillon.

Perubalsam ist ein dickflüssiger, klarer, braunschwarzer, in
dünner Schicht rubinrot durchscheinender Balsam, der, dünn aus-

gestrichen, auch nach längerer Zeit und nach Erwärmen nicht fest wird. Das spez. Gewicht bei 15° beträgt 1,145—1,155. Löst man 1 Tropfen Perubalsam in 10 ccm Äther und läßt sehr vorsichtig Schwefelsäure zufließen, so färbt sich letztere grauviolett; schwenkt man alsdann unter Kühlung vorsichtig um, so nimmt die ätherische Lösung eine stumpfrote Farbe an. Schüttelt man Wasser mit Perubalsam, so nimmt es sauere Reaktion an. Perubalsam löst sich klar in 5 Teilen einer 60% Chloralhydratlösung, im gleichen Gewicht Essigsäure, Aceton oder Weingeist und dem dritten Teile seines Gewichtes Schwefelkohlenstoff.

1 Teil Schwefelkohlenstoff löst 3 Teile Perubalsam klar auf; auf weiteren Zusatz von 9 Teilen Schwefelkohlenstoff scheidet sich ein schmieriges, braunes Harz ab, das sich in verdünnter Kalilauge löst und aus dieser Lösung durch verdünnte Salzsäure wieder ausgefällt wird. Die von der Harzabscheidung abgegossene gelbe Schwefelkohlenstofflösung fluoreszire nicht und liefere nach dem Verdunsten des Lösungsmittels ein gelbbräunliches Öl, das beim Erwärmen auf 150° keinen fremdartigen Geruch entwickeln und beim Hinzufügen eines Gemisches aus gleichen Teilen Schwefelsäure und Salpetersäure zuerst vorübergehend kirschrot, dann orangebraun werden soll. 1 g Perubalsam wird mit 10 ccm Petroläther während 10 Minuten auf dem Dampfbade am Rückflußkühler erwärmt. Werden hierauf 2 ccm der abgegossenen Lösung verdampft, so darf der Rückstand auf Zusatz eines Tropfens Salpetersäure ($D_{15} = 1,42$) keine grünliche oder bläulich-grünliche Farbe annehmen. 3 ccm der Petrolätherlösung dürfen sich beim Schütteln mit 3 ccm Kupferacetat (1 = 1000) nicht grün oder bläulich-grün färben.

Zur Bestimmung der Säurezahl löst man 1 g Perubalsam in 200 ccm Weingeist, gibt 2 ccm Phenolphthalein hinzu und titriert mit weingeistigem Zehntel-Normal-Kali bis zur intensiven Rotfärbung. Die Anzahl der verbrauchten ccm Lauge, multipliziert mit 5,616 ergibt die Säurezahl. Diese betrage 68—80.

Zur Bestimmung der Verseifungszahl wägt man 1 g Perubalsam in eine mit Glasstöpsel versehene Flasche von 500 ccm Inhalt, setzt 50 ccm Petroläther und 50 ccm weingeistiges Halb-Normal-Kali hinzu und läßt unter öfterem Umschwenken gut verschlossen 24 Stunden bei Zimmertemperatur stehen. Nach Verlauf dieser Zeit fügt man 300 ccm Wasser hinzu, schwenkt um, bis sich die am Boden ausgeschiedenen dunklen Krusten gelöst haben, gibt 5 Tropfen Phenolphthalein hinzu und titriert mit Halb-Normal-Schwefelsäure bis zum Verschwinden der roten Farbe. Die Anzahl der verbrauchten ccm

Lauge, multipliziert mit 28,08 ergibt die Verseifungszahl. Diese betrage nicht weniger als 245: Zur Bestimmung des in Äther unlöslichen Teiles erwärmt man auf dem Dampfbade in einem Becherglase 1 g Perubalsam mit 10 g Äther, gibt das Ganze auf ein gewogenes Filter von 8 cm Durchmesser und wäscht so lange mit Äther aus, bis dieser nicht mehr gefärbt erscheint und 1 Tropfen, auf einem Uhrglase verdunstet, keinen Rückstand mehr hinterläßt. Dann wird das Filter mit dem Rückstand bei 100° getrocknet und gewogen. Das Gewicht des Rückstandes betrage nicht mehr als 3 cg.

Zur Bestimmung des Gehaltes an Cinnamein schüttelt man den ätherischen Auszug mit 20 ccm 2 % Natronlauge im Scheidetrichter aus, wäscht die ätherische Lösung zweimal mit je 10 ccm Wasser, läßt sie dann in einem gewogenen Glasschälchen verdunsten, erwärmt den Rückstand $\frac{1}{2}$ Stunde auf dem Dampfbade, stellt 12 Stunden in den Exsikkator und wägt. Das Gewicht des Rückstandes (Cinnamein) betrage nicht weniger als 0,6 g.

Zur Bestimmung der Verseifungszahl des Cinnameins spült man dasselbe 2 mal mit je 5 ccm absolutem Alkohol in einen Kolben von 150 ccm Inhalt, fügt 50 ccm weingeistiges Zehntel-Normal-Kali hinzu, stellt 1 Stunde beiseite und erwärmt dann 1 Stunde auf dem Dampfbade. Die ausgeschiedene Masse bringt man mit 10 ccm Wasser wieder in Lösung. Nach dem Erkalten gibt man 3 Tropfen Phenolphthalein zu und titriert mit Zehntel-Normal-Salzsäure bis zum Verschwinden der Rotfärbung. 1 g Cinnamein darf nicht weniger als 42 ccm Lauge verbrauchen. Durch Multiplikation der für 1 g verbrauchten ccm Lauge mit 5,616 erhält man die Verseifungszahl des Cinnameins. Dieselbe betrage mindestens 235. Die Lösung gebe nach dem Abdampfen des Alkohols auf dem Dampfbade und Erkalten beim Schütteln mit Kaliumpermanganat starken Geruch nach Benzaldehyd.

Perubalsam riecht· eigenartig balsamisch und schmeckt kratzend und etwas bitter.

Bálsamo del Perú liquido.

Spanien
VII 1905.

Der Balsam, erhalten von Myroxylon Pereira Klotzsch (Myrospermum Pereira Royle), einer Leguminosa — Papilionacea an den Gestaden von San Salvador.

Dicke, mit der Zeit nicht fest werdende Flüssigkeit, in dicken Massen schwarz, in dünnen Schichten rötlichbraun und durchsichtig. Geruch angenehm, ähnlich dem der Vanille, Geschmack bitter und herb. Spez. Gewicht bei $15^0 = 1{,}13$—$1{,}16$; rötet blaues Lackmuspapier. Vollständig löslich in absolutem Alkohol, teilweise löslich in gewöhnlichem Alkohol $95^0/o$, Äther, ätherischen und fetten Ölen. Gemischt mit 2 Volum. konzentr. Schwefelsäure darf er sich nicht in Wasser lösen und keine schwefligen Gase entwickeln. Setzt man zu dieser Mischung 10—12 Volumina kaltes Wasser, so darf sich kein weiches fettiges Harz abscheiden, sondern eine trockene brüchige Masse. Schüttelt man 5 Tropfen Balsam mit 2—3 ccm Salmiakgeist, so erhält man unter leichter Schaumbildung eine grünlichgelbe Masse, die nicht dick noch gelatineartig werden darf, selbst nach 24-stündigem Stehen. Auf dem Wasserbade destilliert, darf er kein Anzeichen von Alkohol geben.

Balsamum tolutanum.

Balsamum tolutanum. Balsam of Tolu.

Amerika
VIII
1905.

Der aus der Toluifera Balsamum (Leguminosen) erhaltene Balsam. Gelbliche bis braune, weiche oder feste Masse, die mit zunehmendem Alter, durch Trocknen oder der Kälte ausgesetzt, spröde wird. Durchsichtig in dünnen Schichten, Geruch angenehm aromatisch, an Vanille erinnernd, Geschmack milde und aromatisch. Leicht löslich in Alkohol (95 Vol. $^0/o$); diese Lösung reagiert sauer auf blaues Lackmuspapier. Ebenfalls löslich in Chloroform und in Lösungen der festen Alkalien. Fast vollständig löslich in Äther, aber nahezu unlöslich in Wasser und Benzin, teilweise löslich in Schwefelkohlenstoff.

Schüttelt man 0,5 g Balsam mit 25 ccm Schwefelkohlenstoff und läßt 30 Minuten stehen, filtriert die Flüssigkeit und verdampft das Filtrat, so soll der Rückstand, den man durch Verdampfen des Filtrats zur Trockne erhält, in Eisessig gelöst keine grüne Farbe durch Zusatz einiger Tropfen Schwefelsäure zeigen. (Abwesenheit von Kolophonium.)

Schüttelt man 1 g Balsam mit 8 ccm Benzin 5 Minuten lang, so darf die oben schwimmende Flüssigkeit nicht grün gefärbt sein, wenn man sie mit einem gleichen Volumen wässeriger Kupferacetatlösung (1 : 1000) schüttelt. (Abwesenheit von Kolophonium und Copaivabalsam.)

Man löse 1 g Tolubalsam in 50 ccm Alkohol, setze 1 ccm Phenolphthalein hinzu; es sollen nicht weniger als 4 und nicht mehr als 6 ccm alkoholischer Halb-Normal-Kalilauge nötig sein zur Rot-

färbung. (Grenze der Säurezahl.) Setzt man zu dieser Lösung weitere
ccm alkoholischer Halb-Normal-Kalilauge hinzu, bis das ganze Quantum 20 ccm beträgt, erwärmt $^1/_2$ Std. auf dem Wasserbade und läßt
dann abkühlen, so sollen nicht weniger als 13,2 und nicht mehr als
14,5 ccm Halb-Normal-Schwefelsäure notwendig sein, um den Überschuß von Lauge zu binden mit Phenolphthalein als Indikator. (Grenze
der verseifbaren Bestandteile.)

Baume de Tolu.

Belgien
III 1906.

Der Harzsaft von Toluifera balsamum L.

Er bildet eine formlose, braungelbe Masse, die durch die Handwärme weich wird, von angenehmem Geruch und leicht aromatischem
Geschmack. Gänzlich löslich in Chloroform, Kalilauge, Essigsäure
und Alkohol. Die alkoholische Lösung reagiert sauer.

Schwefelkohlenstoff wird durch Schütteln mit Tolubalsam nicht
merklich gefärbt. Man löst 1 g Tolubalsam in 50 ccm Alkohol,
fügt 6 ccm alkoholischer Halb-Normal-Kalilauge hinzu, einige Tropfen
Phenolphthaleinlösung und 300 ccm Wasser und schüttelt durch. Die
Mischung soll rot gefärbt sein, oder durch Zusatz von 1 Tropfen
alkoholischer Halb-Normal-Kalilauge rot gefärbt werden. Man bestimmt den Überschuß der angewendeten Kalilauge mittelst Halb-
Normal-Salzsäure. Die Säurezahl soll zwischen 112 und 168 liegen.
Die Verseifungszahl soll zwischen 154 und 190 liegen. Man bestimmt sie, indem man 1 g Balsam in 50 ccm Alkohol löst, 20 ccm
alkoholischer Halb-Normal-Kalilauge zusetzt und auf dem Wasserbade $^1/_2$ Stunde erwärmt. Nun fügt man 300 ccm Wasser und 10 Tropfen
Phenolphthaleinlösung hinzu und titriert zurück. Die Esterzahl des
Tolubalsams liegt zwischen 22 und 79.

Balsamum tolutanum.

Däne-
mark VII
1907.

Toluifera Balsamum Miller. — Papilionaceae.

Ein rotbraunes, sprödes und etwas durchsichtiges Harz, das im
frischen Zustande meist von weicherer Konsistenz und von hellerer
Farbe ist. Geruch vanilleartig, Geschmack aromatisch, nur schwach
säuerlich und kratzend. Beim Erwärmen im Wasserbade entsteht
eine sämige, dickflüssige Masse. Ausgekocht mit Wasser gibt Tolubalsam ein farbloses Filtrat, das beim Abkühlen Kristalle ausscheidet.
Derselbe löst sich in Weinsprit, Chloroform und in Kalilauge, mehr

oder weniger unvollkommen in Äther und in Schwefelkohlenstoff. Gemischt mit Schwefelkohlenstoff soll der Balsam ein Filtrat geben, das beim Eindampfen auf dem Wasserbade eine rotgelbe, klare und dickflüssige Masse hinterläßt. Ein Tropfen von dieser Masse, auf einem Objektglas angebracht, zeigt unter dem Mikroskop, daß die Masse amorph ist; nach kurzer Zeit des Hinlegens scheiden sich etwas unregelmäßig geformte, lange Kristalle und nach Verlauf einiger Stunden zahlreiche stark gekrümmte feder- und buschförmige Kristalle ab.

Deutsch-land V 1910.

Balsamum tolutanum. Tolubalsam.

Der an der Luft erhärtete Balsam von Myroxylon balsamum (Linné) Harms, var. genuinum Baillon.

Tolubalsam ist eine bräunliche, kristallinische Masse, die nach dem Austrocknen zu einem gelblichen Pulver zerreiblich ist. Tolubalsam riecht würzig und schmeckt wenig kratzend; er ist in Weingeist, Chloroform und Kalilauge klar, in Schwefelkohlenstoff nur wenig löslich. Die weingeistige Lösung rötet Lackmuspapier.

Säurezahl 112,3—168,5. Verseifungszahl 154,4—190,9.

Zur Bestimmung der Säurezahl löst man 1 g Tolubalsam in 50 ccm Weingeist (90—91 Vol. %), gibt 10 ccm weingeistige Halb-Normal-Kalilauge und 200 ccm Wasser hinzu und versetzt die Lösung nach Zusatz von 1 ccm Phenolphthaleinlösung mit Halb-Normal-Salz-säure bis zur Entfärbung, wozu 4—6 ccm erforderlich sein müssen.

Zur Bestimmung der Verseifungszahl löst man 1 g Tolubalsam in 50 ccm Weingeist (90—91 Vol. %), gibt 20 ccm weingeistige Halb-Normal-Kalilauge hinzu und erhitzt die Mischung $1/2$ Stunde lang im Wasserbade am Rückflußkühler; dann verdünnt man mit 200 ccm Wasser, versetzt mit 1 ccm Phenolphthaleinlösung und mit Halb-Normal-Salzsäure bis zur Entfärbung, wozu 13,2—14,5 ccm erforderlich sein müssen.

England 1898.

Balsam of Tolu.

Ein Balsam, der durch Einschnitte in den Stamm von Myroxylon toluifera gewonnen wird.

Wenn frisch importiert, bildet er eine weiche und zähe Masse, wird später härter und ist dann bei kaltem Wetter spröde. In dünnen Schichten durchsichtig und von gelbbrauner Farbe. Preßt man den Balsam heiß zwischen Glasplatten, so findet man mit der Lupe Kristalle. Geruch sehr würzig, besonders nach dem Anwärmen, Ge-

schmack etwas aromatisch und leicht säuerlich. Löslich in 90% Alkohol
die Lösung reagiert sauer. Erwärmt man 5 g Balsam nacheinander
mit 25 und 10 ccm Schwefelkohlenstoff, so soll die Lösung, bis zur
Trockne verdampft, einen deutlichen Rest von Kristallen hinterlassen,
der mindestens $^1/_3$ seines Gewichtes an Kalilauge zur Verseifung
nötig hat. (Anwesenheit von genügend Benzoaten und Cinnamaten.)

Baume de Tolu. Balsamum tolutanum.

Frank-
reich
1908.

Ein durch Einschneiden der Rinde von Toluifera Balsamum
(Leguminosen) gewonnenes Produkt.

In frischem Zustande hat Tolubalsam die Konsistenz des Terpentins. Mit der Zeit wird er hart, sieht wie ein sprödes Harz aus;
seine Farbe ist klar, braun oder braunrötlich, in dünner Schicht vollständig durchsichtig. Unter dem Mikroskop zeigt ein Bruchstück,
das zwischen zwei erwärmte Glasplatten gedrückt ist, eine große
Anzahl kleiner Kristalle von Zimtsäure. Tolubalsam wird durch
die Handwärme weich und entwickelt, wenn man ihn mehr erwärmt,
einen starken Geruch nach Benzoe und Vanille. Er schmeckt schwach
aromatisch, dann deutlich scharf. Tolubalsam löst sich vollständig
in Chloroform, Alkohol 90 % und Aceton. Die Lösung in Alkohol
(1 : 10) trübt sich stark durch Zusatz ihres Volumens an Wasser,
indem sie eine gelblichweiße Emulsion von saurer Reaktion gibt.
In einer Porzellanschale kocht man 10 Minuten lang 5 g Tolubalsam
mit 50 ccm Wasser und einem Überschuß an Kalkmilch unter beständigem Umrühren und filtriert. Der warmen, gelb gefärbten
Flüssigkeit setzt man konzentrierte Salzsäure tropfenweise bis zur
Entfärbung zu und dann weitere 2 Tropfen im Überschuß. Die frei
gewordene Zimtsäure läßt man nun kristallisieren. Die obenauf
schwimmende Flüssigkeit gießt man ab und kocht den Kristallbrei
mit 0,2 g Kaliumpermanganat in einem Kölbchen. Das Permanganat
wird reduziert und es entwickelt sich ein starker Geruch nach Bittermandelöl durch die Bildung von Benzaldehyd auf Kosten der Zimtsäure. Benzoe, die keine Zimtsäure enthält, wird diese Reaktion
nicht geben.

Man löst 0,4 g Tolubalsam in 25 ccm 90% Alkohol, setzt
15 ccm einer wässerigen Zehntel-Normal-Kalilauge hinzu, dann
50 ccm Wasser und 10 Tropfen Phenolphthaleinlösung. Der rot gefärbten, milchigen Flüssigkeit setzt man mit einer graduierten Bürette
Zehntel-Normal-Salzsäure bis zum Verschwinden der roten Farbe
hinzu. Es seien n ccm angewendet. Die Differenz (15—n) soll nicht

unter 8 und nicht über 12 sein, entsprechend einer Säurezahl von 112—168. Die Anwesenheit von Alkohol kann Störungen bei dem Versuche herbeiführen. Es empfiehlt sich deshalb, den Titer der Alkalilösung durch einen blinden Versuch richtig zu stellen. Zu diesem Zwecke gießt man 10 ccm dieser Lösung in 25 ccm Alkohol (90%) und verdünnt mit 50 ccm destillierten Wassers. Nun setzt man zur Lösung 10 Tropfen Phenolphthaleinlösung und mit Hilfe der graduierten Pipette Zehntel-Normal-Salzsäure bis zur Entfärbung: die säuere Flüssigkeit soll ihr Volumen an alkalischer Lösung neutralisieren.

Japan III 1907.   Balsamum tolutanum.   Balsam of Tolu.

Ein Balsam, erhalten aus Myroxylon toluiferum Humb. Bonpl. u. Kunth.

Braunrote Kristallmasse, die sich beim Trocknen in ein gelbes Pulver verwandelt. Geruch sehr angenehm, Geschmack sauer, leicht laugig, aromatisch. Aufgelöst in Alkohol, Chloroform und Kalilauge soll Tolubalsam nur ganz wenige Holzteile als Rückstand hinterlassen. Löst man 1 g Balsam in 50 ccm Alkohol (90 Vol. %) und setzt 10 Tropfen Phenolphthaleinlösung hinzu, so sollen zur Rotfärbung 4—6 ccm alkoholische Halb-Normal-Kalilauge erforderlich sein. Fügt man noch genügend mehr Kalilauge hinzu, so daß es zusammen 20 ccm Kalilauge sind, erhitzt ½ Stunde auf dem Wasserbade, titriert dann mit Halb-Normal-Salzsäure zurück, so sind 13,2—14,5 ccm Halb-Normal-Salzsäure zur Neutralisation erforderlich.

Italien III 1909.   Balsamo del Tolù.   Balsamum tolutanum.

Balsam der Toluifera Balsamum L. (Myroxylon Toluifera Humboldt, Bonpland, Kunth) (Fam. Leguminosae), eines Baumes aus Venezuela, Neu-Granada und der Umgegend von Tolu und Turbaco.

Zuerst halbflüssig, gelblich und fast durchsichtig, später immer dicker und fest werdend. Dann ist er körnig, kristallinisch, rosabraun, brüchig; bei ca 30° wird er weich; er riecht angenehm nach Benzoe und Vanille. Geschmack aromatisch, schwach scharf. Löslich in Alkohol (90 Vol. %), Chloroform, Essigsäure, in Kalilauge und teilweise in Äther. In Benzol und in Schwefelkohlenstoff bleibt er fast unverändert. Warmem Wasser teilt er sein Aroma mit. Er reagiert sauer. Beim Verbrennen verbreitet er einen angenehmen Geruch.

1 g Balsam, gelöst in 50 ccm Alkohol (90 Vol. %), muß 4—6 ccm alkoholischer Halb-Normal-Kalilauge zur Sättigung erfordern. (Säure-

zahl = 112—168.) Füllt man weiter mit alkoholischer Halb-Normal-Kalilauge auf 20 ccm auf, kocht $^1/_2$ Stunde und kühlt ab, so müssen 13,2—14,5 ccm Halb-Normal-Salzsäure zur Sättigung angewendet werden. Verseifungszahl = 154—191.

Balsamum tolutanum. Tolubalsem.

Nieder-lande IV 1905.

Der aus dem verwundeten Stamme von Myroxylon Toluiferum ausfließende, an der Luft hart werdende Balsam.

Eine braune kristallinische Masse, die schon bei mäßiger Wärme weich wird. Trocken läßt er sich in ein graugelbes Pulver von benzoeartigem Geruch und leicht aromatischem Geschmack zerreiben. Tolubalsam soll sich mit Ausnahme von kleinen Teilchen gänzlich in Alkohol (90 Vol. %) und Chloroform lösen. In Schwefelkohlenstoff darf sich auch beim Erwärmen nicht mehr als der 4. Teil lösen.

Balsamum tolutanum.

Öster-reich VIII 1906.

Von Toluifera Balsamum, einem in Mittelamerika, besonders im Staate Neu-Granada heimischen Baum.

Eine feste, kleinkristallinische Harzmasse, rotbraun, zerreiblich, die dann ein gelbes Pulver bildet; durch Wärme erweichend, von einem dem Perubalsam ähnlichen, sehr angenehmen Geruch und einem etwas scharfen, aromatischen, ein wenig bitteren Geschmack. Tolubalsam ist löslich in Alkohol (90 Vol. %), Chloroform und Kalilauge, wenig löslich in Petroläther und Schwefelkohlenstoff. Die klare, alkoholische Lösung soll blaues Lackmuspapier röten.

1 Teil Balsam, einige Minuten mit 10 Teilen Kalkwasser erwärmt, soll nach dem Filtrieren eine gelbe Lösung geben, die, mit Salzsäure angesäuert, farblos wird und abgekühlt farblose Kristalle abscheidet.

Resina tolutana. Balsamum tolutanum. Toluifera Balsamum Baillon. Papilionaceae.

Rußland VI 1910.

Der Tolubalsam wird gewonnen durch Anschneiden des Stammes des Tolubaumes.

Der frische Balsam hat die Konsistenz des Terpentins (halb-flüssig), dann wird er rasch fest und harzartig. Die Masse ist glänzend, durchsichtig, gelblichbraun, leicht zerreiblich. Spez. Gew. bei 15° = 1,200. Sie enthält Kristalle. Geruch und Geschmack sehr angenehm. Bei 30° weicht der Balsam auf und bei 60° bis 65° wird er flüssig. Er löst sich leicht in Alkohol (90 Vol. %), Chloroform, Essigsäure und Ätzkali, schwer in Äther, fetten und ätherischen Ölen und gar nicht in Schwefelkohlenstoff oder in Säuren. Die alkoholische Lösung des Balsams färbt blaues Lackmuspapier rot. Beim Erwärmen des Tolubalsams mit starker Schwefelsäure erhält man eine rote Lösung. Beim langen und wiederholten Kochen von 1 Teil Balsam mit 10 Teilen Wasser erhält man eine farblose Flüssigkeit, von der sich beim Erkalten ein kristallinischer Satz abscheidet. Dasselbe erfolgt beim Kochen des Balsams mit Kalkmilch. Nach dem Filtrieren der Flüssigkeit und Ansäuern mit Salzsäure erhält man Kristalle, die sich in 10 Teilen kochenden Wassers lösen und beim Erkalten sich von neuem bilden.

Balsamum tolutanum.

Schweden IX 1908.

Man erhält ihn aus den Stämmen von Myroxylon Toluifera Humboldt.

Hartes, sprödes, aber bei Körperwärme weich werdendes, rotbraunes, durchscheinendes Harz. Im frischen Zustande eine zähe, braungelbe, beinahe klare Masse. Tolubalsam hat angenehmen, an Vanille und Benzoe erinnernden Geruch und schwachen, aromatischen Geschmack. Ist beinahe unlöslich in Wasser, aber löst sich leicht in warmem Alkohol, Chloroform und in Alkalilösungen. Die alkoholische Lösung hat schwach saure Reaktion. Kocht man 1 Teil Tolubalsam mit 10 Teilen dünner Kalkmilch einige Minuten, so erhält man nach der Filtration eine gelbe Flüssigkeit, welche beim Ansäuern mit Salzsäure farblos bleibt und nach Abkühlung Kristalle absetzt.

Tolubalsam. Baume de Tolu. Balsamo del Tolù. Balsamo tolutano.

Schweiz IV 1907.

Der erhärtete Harzbalsam verwundeter Stämme von Toluifera Balsamum L.

Tolubalsam bildet eine bräunliche, zusammengeflossene, in der Hand erweichende, zerreibliche, in dünnen Splittern bräunlichgelb durchscheinende, harte Masse, die balsamisch riecht und schwach kratzend-bitter schmeckt.

Tolubalsam löst sich bis auf geringe Reste in Aceton, in Chloroform, in Kalilauge und in Essigsäure. Die heiß bereitete und filtrierte Lösung in Weingeist (1 = 10) trübt sich beim Erkalten stark und klärt sich beim Erwärmen wieder. Sie reagiert schwach sauer und gibt mit Eisenchlorid eine grüne Färbung.

In Petroläther und in Schwefelkohlenstoff löst sich vom Tolubalsam nur wenig; dampft man den Schwefelkohlenstoff-Auszug ein und erwärmt den Rückstand auf ungefähr 150^0, so tritt kein Terpentin- oder Kolophoniumgeruch hervor. Läßt man zu einem Splitter Tolubalsam 1 Tropfen Schwefelsäure fließen, so färbt sich die letztere bordeauxrot. Löst man einen kleinen Splitter Tolubalsam in Äther und läßt sehr vorsichtig Schwefelsäure zufließen, so färbt sich diese rotbraun; schwenkt man alsdann vorsichtig unter Kühlung um, so färbt sich der Äther blaugrün. 1 g Tolubalsam gibt, mit 10 ccm Kalkwasser gekocht, ein Filtrat, welches nach Ansäuern mit Salzsäure und Erkalten eine beträchtliche Menge weißer Kristalle abscheidet.

Schüttelt man 1 g Tolubalsam mit 5 g Petroläther und filtriert, so soll das Filtrat, mit dem gleichen Volumen Kupferacetat (1 = 1000) geschüttelt, nicht grün werden.

Zur Bestimmung der Säurezahl löst man 1 g Tolubalsam in 100 ccm Weingeist (90 Vol. ^{0}/o), gibt 15 Tropfen Phenolphthalein hinzu und titriert mit weingeistigem Halb-Normal-Kali bis zur Rotfärbung. Die Anzahl der verbrauchten ccm Lauge, multipliziert mit 28,08, ergibt die Säurezahl. Diese betrage 114—158.

Zur Bestimmung der Verseifungszahl löst man 1 g Tolubalsam in 20 ccm Weingeist, gibt 20 ccm weingeistiges Halb-Normal-Kali hinzu und erhitzt während einer Stunde am Rückflußkühler. Alsdann verdünnt man mit 60 ccm Weingeist, gibt 20 Tropfen Phenolphthalein hinzu und titriert mit Halb-Normal-Schwefelsäure bis zum Verschwinden der Rotfärbung. Die Anzahl der verbrauchten ccm Lauge, multipliziert mit 28,08 ergibt die Verseifungszahl. Diese betrage 155—187.

Tolubalsam soll nach dem Verbrennen höchstens 1^0/o Asche hinterlassen.

Balsamo de Tolu. Balsamum tolutanum.

Spanien
VII 1905.

Das balsamische Produkt von Myroxylon Toluifera H. B. K. (Myrospermum Toluifera A. Rich., Toluifera Balsamum L.), einer Leguminosa — Papilionacea von Neu-Granada.

Weiche Masse, leicht knetbar mit der Hand oder fest, trocken und brüchig, die von selbst aufweicht und die Form des Gefäßes annimmt, das sie enthält. Farbe hellbraun oder braunrötlich mit harzähnlichem Glanze, durchscheinend, Bruch fast glatt, aber körnig; Geruch ausgesprochen balsamisch, Geschmack aromatisch, süßlich, später herbe. Preßt man eine kleine Menge zwischen zwei heiße Glasplatten, so daß eine ganz dünne Schicht entsteht, so zeigt sie, wenn man sie durch ein Mikroskop betrachtet, eine große Menge von prismatischen Kristallen (Zimtsäure) mitten in der amorphen Harzmasse.

Tolubalsam ist sehr leicht löslich in absolutem Alkohol, in Chloroform und Essigsäure, aber fast unlöslich in Schwefelkohlenstoff, Benzin und ätherischen Ölen. In Wasser löst er sich ebensowenig, aber dieses nimmt seinen Geruch nnd Geschmack an.

Seine alkoholische Lösung reagiert sauer und nimmt mit Eisenchlorid eine grüne Farbe an. Erwärmt man ihn mit 10 Teilen seines Gewichtes an verdünnter Kalkmilch, so entsteht nach dem Filtrieren eine Flüssigkeit, die durch Zusatz einer Säure farblos wird und durch Abkühlen eine große Menge Kristalle von Zimtsäure abscheidet.

Benzaldehyd.

Amerika
VIII
1905.

Benzaldehydum. Benzaldehyde.

Ein Aldehyd, künstlich dargestellt oder natürlich gewonnen aus Bittermandelöl und anderen Ölen.

Er enthält nicht weniger als 85 % reinen Benzaldehyd. Er soll in kleinen, bernsteinfarbigen, wohlverschlossenen Flaschen aufbewahrt werden.

Farblose, stark lichtbrechende Flüssigkeit mit bittermandelähnlichem Geruch und brennendem, aromatischem Geschmack. Spez. Gewicht bei $+$ 25 ^{0} C ungefähr 1,045.

Wenig löslich in Wasser (1 : 300), löslich in allen Verhältnissen in Alkohol, Äther, fetten und flüchtigen Ölen.

Siedepunkt 179 ^{0}—180 ^{0}. Optisch inaktiv.

Löst man 10 Tropfen Benzaldehyd in etwas Alkohol und schüttelt mit wenigen Tropfen konzentr. Natriumhydroxydlösung, dann mit etwas Ferrosulfat und einem geringen Überschuß an Salzsäure, so darf eine Blaufärbung des Niederschlages nicht entstehen. Wenn man das Schlingenende eines Stückchens Kupferdraht in eine nicht leuchtende Flamme hält, bis es glüht, dann erkalten läßt, in Benzaldehyd taucht, anzündet und so hält, daß die Flüssigkeit außerhalb der Flamme brennt, dann die Schlinge mit dem unteren Teile der Außenseite der Flamme in Berührung bringt, so darf eine grüne Farbe sich nicht zeigen. (Abwesenheit von Chlorprodukten.)

Rollt man einen schmalen Streifen Filtrierpapier zusammen, tränkt ihn mit Benzaldehyd, legt ihn auf einen kleinen Porzellanteller, stülpt ein innen mit destilliertem Wasser angefeuchtetes Becherglas darüber, nachdem man das Papier angezündet hat, so wird ein Teil der Verbrennungsprodukte vom Wasser absorbiert; wird das Becherglas mit destilliertem Wasser nachgespült und die Lösung filtriert, so darf das Filtrat nach Hinzufügen weniger Tropfen Silbernitratlösung keine Trübung zeigen. (Abwesenheit von Chlorprodukten.)

Prüfung auf Benzaldehyd:

Man bringe in einen tarierten Kolben von 150 ccm 10 ccm gereinigtes Petroleum, merke sich das Gewicht, füge 12 Tropfen Benzaldehyd hinzu und notiere abermals das Gewicht; setze dann 20 ccm destilliertes Wasser und 6 Tropfen Phenolphthalein hinzu, neutralisiere die Lösung vollständig durch Zusatz von Zehntel-Normal-Natronlauge, indem man dabei den Kolben tüchtig schüttelt, setze mit einer Bürette gleichmäßig Natriumsulfitlösung (1:5) hinzu und abwechselnd aus einer zweiten Bürette Halb-Normal-Salzsäure, bis 10 ccm Natriumsulfitlösung zugesetzt sind und genügend Halb-Normal-Salzsäure, um die Mischung neutral zu halten. Nach Zusatz weniger Tropfen Phenolphthalein und häufigem Schütteln des Kolbens lasse man die Lösung zwei Stunden stehen, um sicher zu sein, daß sie dauernd neutral ist und notiere dann die Anzahl der verbrauchten ccm Halb-Normal-Salzsäure. Nun führe man genau dieselbe Reaktion nochmals aus, lasse aber den Benzaldehyd weg und notiere wieder die verbrauchten ccm Halb-Normal-Salzsäure, subtrahiere die Anzahl der ccm, die bei der zweiten Reaktion erforderlich waren, von denen der ersten; jeder ccm der Differenz entspricht 0,0526 g Benzaldehyd. Um den Prozentsatz zu finden, multipliziere man die obige Differenz mit 0,0526 und dies Produkt mit 100, dann dividiere man durch das Gewicht des angewendeten Benzaldehyds.

Aldéhyde benzoique. Essence d'amande amère. Essence de laurier-cerise.

Belgien III 1906.

Benzaldehyd wird gewonnen aus dem Bittermandelöl, Kirschlorbeeröl oder auch künstlich dargestellt.

Farblose Flüssigkeit von starkem Geruch, wenig in Wasser löslich, wohl aber in Alkohol in allen Verhältnissen; optisch inaktiv.

Spez. Gew. bei $15^0 = 1{,}050 — 1{,}055$. Es siedet bei 179^0.

Frisch bereitet, ist es neutral gegen Lackmuspapier, aber an der Luft bekommt es schnell sauere Reaktion.

Man mische 10 Tropfen Benzaldehyd und 2—3 Tropfen Natronlauge, füge einige Tropfen Ferrosulfatlösung und Eisenchloridlösung hinzu und schüttele tüchtig durch. Nach einiger Zeit übersättige man mit verdünnter Salzsäure, es darf sich kein blauer Niederschlag bilden. In einem Gefäß schüttele man 5 g Benzaldehyd tüchtig mit 45 g gesättigter Natriumbisulfitlösung, setze 60 g Wasser hinzu und erwärme auf dem Wasserbade. Es muß eine klare Mischung entstehen.

Man löse 1 g Benzaldehyd in 20 g Alkohol 95% auf, verdünne mit Wasser bis zur bleibenden Trübung und setze metallisches Zink und verdünnte Schwefelsäure hinzu, um eine Wasserstoffentwickelung zu erzielen. Nach einigen Stunden filtriere man, verdampfe $^3/_4$ der Flüssigkeit, um den Alkohol zu verjagen, füge 1 Tropfen einer 10%igen Kaliumbichromatlösung hinzu und koche. Es darf keine violette Färbung entstehen.

Vor Licht und Luft zu schützen.

Deutschland V
1910.

Benzaldehyd. — Benzaldehyd.

C_6H_5 CHO Mol.-Gew. 106,05.

Farblose oder etwas gelbliche, stark lichtbrechende, eigenartig riechende Flüssigkeit. Benzaldehyd ist in 300 Teilen Wasser und in jedem Verhältnis in Weingeist (90—91 Vol. $\%$) und Äther löslich.

Spezifisches Gewicht bei $15^0 = 1{,}046 — 1{,}050$.

Siedepunkt $177^0 — 179^0$.

Tränkt man ein zusammengefaltetes Stückchen Filtrierpapier mit 1 g Benzaldehyd, verbrennt es in einer Porzellanschale unter einem großen Becherglase, dessen Innenwände mit Wasser angefeuchtet sind, und spült nach der Verbrennung den Inhalt des Becherglases mit wenig Wasser auf ein Filter, so muß das mit Salpetersäure angesäuerte Filtrat bei Zusatz von Silbernitratlösung klar bleiben (Chlorverbindungen).

Werden 0,2 g Benzaldehyd mit 10 g Wasser und einigen Tropfen Natronlauge geschüttelt, nach Zugabe eines Körnchens Ferrosulfat und eines Tropfens Eisenchloridlösung gelinde erwärmt und dann mit Salzsäure angesäuert, so darf selbst nach mehrstündigem Stehen weder ein blauer Niederschlag noch eine grünblaue Färbung auftreten (Blausäure).

Löst man 1 g Benzaldehyd in 20 g Weingeist (90—91 Vol. %), verdünnt mit Wasser, bis sich die Flüssigkeit zu trüben beginnt, behandelt so lange mit Zinkfeile und verdünnter Schwefelsäure, bis der Geruch des Benzaldehyds verschwunden ist, befreit das Filtrat durch Abdampfen vom Alkohol und kocht es mit einigen Tropfen Chlorkalklösung, so darf es sich nicht rot oder purpurviolett färben (Nitrobenzol).

In gut verschlossenen Gefäßen aufzubewahren.

Carvon.

Carvonum. Carvon.

Japan III 1907.

Der im Kümmelöl enthaltene sauerstoffhaltige Bestandteil.

Farblose oder leicht gelbe Flüssigkeit mit aromatischem Geschmack und Geruch, ähnlich dem der Kümmelfrucht. Siedepunkt 229^0—230^0.

Spez. Gew. bei 15^0 über 0,960. 1 Teil Carvon soll sich in 2 Teilen verdünnten Alkohols (68—69 Vol. %) klar lösen.

Carvon.

Österreich VIII 1906.

Wird aus dem Kümmel dargestellt.

Klare, farblose oder gelbliche Flüssigkeit mit dem eigenartigen Geruch des Kümmels und aromatischem, scharfem Geschmack. Spez. Gew. bei $15^0 = 0{,}960$—$0{,}964$, in 2 Teilen verdünnten Alkohols (68—69 %) löslich. Siedepunkt bei 229^0 bis 230^0.

Carvonum. Karvon.

Schweden IX 1908.

Die schweren und weniger flüchtigen Teile von dem aus dem Kümmelsamen durch Destillation dargestellten flüchtigen Öle.

Farblose oder schwach gelbliche Flüssigkeit mit starkem Geruch nach Kümmel. Siedepunkt 229^0—230^0. Spez. Gew. bei $15^0 = 0{,}963$ bis 0,966. Carvon ist rechtsdrehend und kann in allen Verhältnissen mit Alkohol (90 Vol. %) gemischt werden. Ein Teil Carvon soll sich bei 20^0 vollständig in 20 Teilen verdünnten Alkohols (50,6 — 48,4 Vol. %) lösen.

Eine Mischung von 1 ccm Carvon und 1 ccm Alkohol soll mit 1 Tropfen verdünnten Eisenchlorids unverändert bleiben oder auf seiner Oberfläche eine schwach rotviolette Färbung annehmen.

Verwahre es gleich den flüchtigen Ölen.

Wenn Oleum Carvi vorgeschrieben ist, so darf an dessen Stelle Carvon abgegeben werden.

3*

Eukalyptol.

Eukalyptol.

Amerika
VIII
1905.

Ein organisches Oxyd (Cineol) aus dem Öle von Eucalyptus globulus Labillardière (Myrtaceen) und anderen Quellen.

Es soll in wohlverschlossenen bernsteinfarbigen Flaschen, vor Licht geschützt, an einem kühlen Orte aufbewahrt werden.

Farblose Flüssigkeit von aromatischem, charakteristischem, deutlichem Kampfergeruch und stechend scharfem, kühlendem Geschmack. Spez. Gew. bei 25^0 C $= 0,925$; löslich in 95 Vol. % Alkohol in allen Verhältnissen. Siedepunkt 176^0—177^0. Optisch inaktiv (im Gegensatz zu Eukalyptusöl und vielen anderen Ölen). Bei unter 0^0 erstarrt es zu einer farblosen Masse von Kristallnadeln, die bei — 1^0 wieder schmilzt. Bringt man 1 ccm Eukalyptol in Kältemischung und setzt allmählich ein gleiches Volumen Phosphorsäure hinzu, so entsteht eine weiße Kristallmasse von Cineolphosphorsäure, aus der sich durch Zusatz von warmem Wasser Cineol ausscheidet. 5 ccm Eukalyptol sollen, mit 5 ccm Natronlauge geschüttelt, keine Volumveränderung ergeben. Die alkoholische Lösung soll neutral gegen Lackmuspapier sein. Setzt man zu 5 ccm dieser Lösung einen Tropfen Eisenchloridlösung, so darf keine braune oder violette Farbe entstehen. (Abwesenheit von Phenolen.)

Belgien
III 1906.

Eukalyptol. Essence d'Eucalyptus.

Farblose Flüssigkeit von eigenartigem Geruch, in Wasser fast unlöslich, sehr löslich in Alkohol 95%, Äther, Chloroform und fetten Ölen. Siedepunkt 176^0—177^0; spez. Gew. bei $15^0 = 0,928$—$0,930$. Gießt man einige Tropfen Eukalyptol an die Wände eines Gefäßes und läßt Bromdämpfe darüber streichen, so bilden sich schöne rote Kristalle. In Kältemischung (Ammonnitrat und Wasser) erstarrt das Eukalyptol bei — 1^0 zu langen farblosen Nadeln. Im Polarisationsapparate geprüft, darf es die Ebene des polarisierten Lichtes nicht verändern. Mit gleichen Teilen Paraffin. liquid. gemischt muß es eine klare Lösung geben. Auf dem Wasserbade erhitzt, soll es sich ohne nennenswerten Rückstand verflüchtigen.

Vor Licht und Luft zu schützen.

Eukalyptol. Eucalyptolum.

Frank-
reich
1908.

Wird erhalten aus diversen Ölen, Eucalyptus globulus, E. amyg-
dalina, Artemisia Cina, Melaleuca minor etc.

Es bildet eine bewegliche, farblose Flüssigkeit, deren Geruch zugleich an Menthol und Kampfer erinnert. Spez. Gew. bei $0^0 = 0{,}940$.
Stark abgekühlt wird es fest zu einer Kristallmasse, flüssig bei $+\ 1^0$.
Siedepunkt 176^0. Eukalyptol ist unlöslich in Wasser, löslich in
allen Verhältnissen in absolutem Alkohol, Schwefelkohlenstoff, Eisessigsäure, Äther, Chloroform, Terpentinöl und fetten Ölen. Optisch
inaktiv. Die alkoholische Lösung reagiert neutral. Eukalyptol soll
mit 3—4 Teilen Terpentinöl eine klare Flüssigkeit geben; sie bleibt
trübe, wenn das Eukalyptol Alkohol enthält. In einer Kältemischung
abgekühlt soll es vollständig erstarren, bei $+\ 1^0$ schmelzen die
Kristalle dann.

Eucaliptolo. Eucalyptolum.
Canfora di eucalyptus. — Cineolo.

Italien
III 1909.

Farblose Flüssigkeit, Geruch kampferartig, fast unlöslich in
Wasser. Löslich in absolutem Alkohol, Äther, Chloroform und fetten
Ölen. Abgekühlt in einem Gemisch von Eis und Salz gerinnt es bei
$-\ 1^0$ zu einer Kristallmasse, die aus langen Nadeln besteht und
bei $-\ 1^0$ schmilzt. Siedepunkt bei 176^0—177^0. Spez. Gew. bei
$15^0 = 0{,}930$. Befeuchtet man die Wände eines Reagenzglases mit
Eukalyptol und leitet Bromdampf darüber, so entstehen nadelförmige
Kristalle von mattroter Farbe. In Schwefelkohlenstoff löst es sich
zu gleichen Teilen zu einer klaren Flüssigkeit.

Eucalyptolum.

Schwe-
den IX
1908.

Der hauptsächliche Bestandteil der flüchtigen Öle von Eukalyptus-
oder Melaleuka-Arten.

Farblose oder schwach gelbliche Flüssigkeit von eigentümlichem,
kampferartigem Geruch und bitterem, kühlendem Geschmack. Spez.
Gew. bei $15^0 = 0{,}928$—$0{,}930$. Eukalyptol erstarrt bei starker Abkühlung zu einer weißen kristallinischen Masse, die bei $-\ 1^0$
schmilzt und bei 176^0—177^0 kocht.

Eukalyptol ist optisch unwirksam und kann in allen Verhältnissen mit Alkohol $90^0/_0$ gemischt werden. Leitet man Bromdämpfe
in ein Probierrohr, welches an der Innenseite mit 1—2 Tropfen

Eukalyptol befeuchtet ist, so entstehen an der Innenseite des Probier-
röhrchens zahlreiche kleine gelbe Kristalle.

Bewahre es gleich flüchtigen Ölen.

Wenn Cajeputöl oder Eukalyptusöl vorgeschrieben ist, so darf
an deren Stelle Eukalyptol abgegeben werden.

**Schweiz
IV 1907.**

Eucalyptolum. Eukalyptol. Eucaliptolo.

Farblose, kampferähnlich riechende Flüssigkeit, die bei 175^0—177^0
vollständig überdestilliert und bei 15^0 ein spez. Gew. von 0,930
zeigt. Eukalyptol ist fast unlöslich in Wasser, löslich in Weingeist,
in Äther, in Chloroform und in Schwefelkohlenstoff. In einer Mischung
von Eis und Kochsalz erstarrt Eukalyptol zu langen, farblosen Kristallnadeln, die bei ungefähr — 1^0 schmelzen. Werden 10 Tropfen
Eukalyptol mit 2 Tropfen Brom versetzt, so scheidet sich eine orange-
rote, kristallinische Masse ab. Läßt man zu 5 Tropfen Eukalyptol
eine Lösung von 10 Tropfen Brom in 10 ccm Chloroform langsam
zufließen, so verbrauche man nicht mehr als 8 Tropfen der Brom-
Chloroformlösung, um eine hellrote Farbe zu erzielen. 0,5 g pulverisiertes Jod lösen sich in 3 ccm Eukalyptol mit rotbrauner Farbe
auf; nach kurzer Zeit scheiden sich schwarze prismatische Kristalle
ab, die nach dem Trocknen grünen Metallreflex zeigen und, mit
Natronlauge behandelt, wieder Eukalyptol abscheiden. Eisenchlorid
färbt Eukalyptol weder bräunlich noch violett (Phenole).

**Spanien
VII 1905**

Eukaliptol.

Das durch fraktionierte Destillation des Öles von Eukalyptus
globulus erhaltene Produkt.

Sehr bewegliche, farblose Flüssigkeit, Geruch nach Pfefferminze
und Kampfer. Spez. Gew. bei 0^0 = 0,940.

Bei einer niedrigeren Temperatur wird es fest und seine Kristalle
schmelzen bei 1^0. Siedepunkt bei 174^0. Löslich in allen Verhältnissen
in absolutem Alkohol, Schwefelkohlenstoff und Eisessigsäure. Löst
man 1 Teil Eukalyptol im Vierfachen seines Volumens an Petroläther und setzt Brom in kleinen Mengen hinzu, so scheidet sich bei
0^0 ein zinnoberroter Körper aus. Es ist mischbar mit Terpentinöl,
aber wenn es mit Alkohol verfälscht ist, so wird die Mischung mit
diesem Öle trübe.

Eugenol.

Eugenol.

Amerika
VIII
1905.

Ein ungesättigter aromatischer Alkohol, erhalten aus Nelkenöl und anderen Quellen. Es soll in wohlverschlossenen, bernsteinfarbigen Flaschen an einem kalten Orte vor Licht geschützt aufbewahrt werden.

Farblose oder hellgelbe dünne Flüssigkeit von starkem, aromatischem Nelkengeruch und stechend scharfem Geschmack. An der Luft wird sie dicker und dunkler. Spez. Gew. bei $25^0 = 1{,}072—1{,}074$. Mit Alkohol (95 Vol. $^0/_0$) in allen Verhältnissen mischbar, soll sie in 2 Teilen $70^0/_0$ Alkohol löslich sein. Siedepunkt $251^0—253^0$ C. Optisch inaktiv. Löst man 1 Teil Eugenol in 12 Teilen Natronlauge und setzt 18 Teile Wasser hinzu, so soll eine klare Lösung entstehen, die beim Stehen an der Luft trübe wird. 1 Teil Eugenol und 20 Teile heißen Wassers sollen Lackmuspapier ganz schwach röten; 5 ccm des erkalteten klaren Filtrats dieser Mischung sollen mit 1 Tropfen Eisenchloridlösung eine graugrüne, nicht blaue oder violette Farbe geben (Abwesenheit von Phenol).

Eugénol. Essence de girofle.

Belgien
III 1906.

Der sauerstoffhaltige Bestandteil des Öles von Eugenia caryophyllata Thumb.

Farbloses oder gelbliches, an der Luft braun werdendes Öl, Geruch scharf, Geschmack brennend, wenig in Wasser löslich, vollständig in Alkohol, Äther und Essigsäure. Siedepunkt $251^0—253^0$ C, spez. Gew. bei $15^0 = 1{,}072—1{,}074$.

1 g Eugenol gibt mit 3 ccm Natronlauge und 27 ccm Wasser eine klare Lösung, die trübe werden kann, wenn man sie der Luft aussetzt. Schüttelt man eine Mischung von 5 Tropfen Eugenol mit 10 ccm Kalkwasser, so muß ein flockiger Niederschlag entstehen. Eine Lösung von 5 Tropfen Eugenol in 5 ccm Alkohol $95^0/_0$ nimmt durch Zusatz von 2 Tropfen einer $3^0/_0$ Eisenchloridlösung eine blaue, allmählich ins Grüne, dann ins Gelbliche gehende Farbe an. Schüttelt man 1 g Eugenol mit 20 ccm warmen Wassers, so entsteht nach dem Abkühlen und Filtrieren eine Flüssigkeit, die Lackmuspapier kaum rötet und durch Zusatz von 1 Tropfen Eisenchloridlösung eine graugrüne, aber nicht eine blaue Farbe annimmt.

Eugenol.

Niederlande IV 1905.

Der Hauptbestandteil des Nelken- und Zimtblätteröles. Frisch eine fast farblose Flüssigkeit, die an der Luft allmählich gelb und zuletzt braunrot wird. Geruch eigenartig, zarter als der des Nelkenöles. Geschmack scharf aromatisch. Spez. Gew. bei $15^0 = 1{,}072$—$1{,}074$; Siedepunkt ungefähr 252^0. Ein Tropfen Eugenol, in 30 ccm Wasser aufgelöst, soll einen reinen Nelkengeruch zeigen. 3 Tropfen Eugenol, gelöst in 5 ccm Alkohol $90^0/_0$, sollen nach Zusatz von Eisenchloridlösung eine indigoblaue Farbe zeigen, die allmählich ins Grüne übergeht und dann gelb wird. Schüttelt man 5 Tropfen Eugenol mit 10 ccm Kalkwasser, so sollen sich Flocken abscheiden. 1 ccm Eugenol soll mit 20 ccm Wasser und 4 ccm Natronlauge eine nur leicht trübe gelbe Lösung geben.

Eugenol soll mit Alkohol oder Äther oder konzentriertem Eisessig in allen Verhältnissen eine klare Lösung geben und sich in 2 Volumen verdünntem Alkohol (70 Vol. $^0/_0$) klar lösen. 5 Tropfen Eugenol, gekocht mit 10 ccm Wasser, dürfen blaues Lackmuspapier nicht röten. Die abgekühlte und filtrierte Lösung soll durch Zusatz von Eisenchlorid graugrün, aber nicht blau gefärbt werden (Prüfung auf Phenol).

Eugenol.

Österreich VIII 1906.

Eugenol wird aus dem Nelkenöl dargestellt.

Farblose oder gelbliche klare Flüssigkeit, durch Luftzutritt sich bräunend, von sehr starkem Geruch und brennendem, aromatischem Geschmack. Spez. Gew. bei $15^0 = 1{,}072$—$1{,}074$. Siedepunkt 252^0 bis 254^0; in Alkohol, Äther und konzentrierter Essigsäure leicht, in Wasser schwer löslich. 1 g Eugenol soll mit 26 g Wasser und 4 ccm Natronlauge eine klare Lösung geben, die sich an der Luft trübt. Eine Lösung von 5 Tropfen Eugenol in 5 ccm Alkohol $90^0/_0$ soll nach Zusatz von 2 Tropfen einer Mischung von 1 Teil Eisenchloridlösung und 9 Teilen Wasser eine blaue, dann grüne, später ins Gelbe übergehende Farbe geben. Eine Mischung von 1 g Eugenol und 20 g warmen Wassers soll blaues Lackmuspapier kaum röten und nach dem Erkalten durch Zusatz von 1 Tropfen Eisenchloridlösung höchstens eine dunkelgrüne, bald verschwindende, aber keine blaue Färbung geben.

Eugenolum. Eugenol.

Schweden IX 1908.

Der hauptsächliche Bestandteil von dem aus Nelkenblüten durch Destillation hergestellten flüchtigen Öle.

Hellgelbe, mit der Zeit dunkelnde, optisch unwirksame Flüssigkeit mit starkem Geruch nach Gewürznelken und scharfem, brennendem Geschmack. Eugenol kocht bei 251^0—253^0, spez. Gew. bei $15^0 =$ 1,070—1,074.

Eugenol kann in allen Verhältnissen mit Alkohol und Äther gemischt werden. Seine stark verdünnte alkoholische Lösung wird von 1 Tropfen Eisenchlorid blau gefärbt. Eine Mischung von gleichen Volumen Eugenol und Natronlauge erstarrt zu einer festen kristallinischen Masse. 1 ccm Eugenol soll mit 2 ccm verdünntem Alkohol (69,6—70,5 Vol. $^0_{,0}$) eine klare Mischung geben.

Bewahre es wie flüchtige Öle. Wenn vorgeschrieben ist Nelkenöl (Aetheroleum Caryophylli), so darf an dessen Stelle Eugenol abgegeben werden.

Menthol.

Menthol.

Amerika
VIII
1905.

Sekundärer Alkohol, erhalten aus dem Öle von Mentha piperita L. und anderen Pfefferminzölen. Es soll in wohlverschlossenen Flaschen an einem kühlen Platze aufbewahrt werden.

Farblose prismatische Kristallnadeln mit dem starken, reinen Geruch der Pfefferminze und warmem, aromatischem Geschmack mit folgendem Kältegefühl, wie wenn Luft in den Mund gesogen wird. Menthol ist nur wenig löslich in Wasser, es erteilt ihm aber Geruch und Geschmack. Es ist leicht löslich in Alkohol, Äther und Chloroform. Bei 43^0 schmilzt es zu einer farblosen Flüssigkeit und siedet bei 212^0; bei gewöhnlicher Temperatur verdunstet es langsam. Mit gleicher Menge Kampfer, Thymol oder Chloralhydrat verrieben, soll eine flüssige Mischung entstehen. Seine alkoholische Lösung ist neutral gegen Lackmuspapier und linksdrehend. Erhitzt man ein wenig Menthol im Porzellanschälchen auf dem Wasserbade, so soll es sich allmählich ohne Rückstand verflüchtigen (Abwesenheit von Wachs, Paraffin und anorganischen Substanzen). Löst man wenige Mentholkristalle in 1 ccm Eisessig und fügt dann 3 Tropfen Schwefelsäure und 1 Tropfen Salpetersäure hinzu, so darf keine grüne Färbung entstehen (Abwesenheit von Thymol).

Menthol.

Belgien
III 1906

Farblose Kristallnadeln von eigenartigem Geruch und brennendem Geschmack, der nach einiger Zeit ein Kältegefühl erzeugt. Fast unlöslich in Wasser, leicht löslich in Alkohol, Äther und Chloroform. Menthol schmilzt bei 42⁰—43⁰, es siedet bei 212⁰. Eine Lösung von 0,1 g Menthol in 1 g Eisessig soll sich durch Zusatz von 3 Tropfen Schwefelsäure und 1 Tropfen Salpetersäure nicht färben. Auf dem Wasserbade verdampft, soll 0,1 g Menthol keinen nennenswerten Rückstand hinterlassen.

Dänemark VII 1907.

Mentholum. Mentol.

Farblose, spröde, nadelförmige, nicht feuchte Kristalle mit Geruch und Geschmack nach Pfefferminze. Menthol schmilzt bei 43⁰ und kocht bei 212⁰. In Wasser löst es sich nur in geringer Menge, dagegen leicht in Weinsprit, Äther, Chloroform und in fetten Ölen. Beim Erwärmen in einer offenen Schale auf dem Wasserbade soll dasselbe vollständig verdampfen. Bewahre es auf in wohlverschlossener Büchse an einem kühlen Platze.

Deutschland V 1910.

Mentholum. Menthol.

$C_{10}H_{19}(OH)$ Mol.-Gew. 156,16.

Spitze, spröde, farblose Kristalle. Menthol riecht und schmeckt pfefferminzähnlich; es löst sich kaum in Wasser, sehr leicht in Äther, Chloroform und Weingeist (90—91 Vol. %).

Schmelzpunkt 44⁰.

Menthol muß sich vollkommen trocken anfühlen und darf beim Pressen zwischen Filtrierpapier auf diesem keine feuchten Stellen zurücklassen.

Menthol darf beim Verdampfen auf dem Wasserbade höchstens 0,1 % Rückstand hinterlassen.

England 1898.

Menthol.

Kristalle, erhalten durch Abkühlen des destillierten Öles der frischen Kräuter von Mentha arvensis, vars. piperascens und glabrata Holmes. Farblose Kristallnadeln, gewöhnlich noch mehr oder weniger feucht von anhaftendem Öle, oder eine Kristallmasse. Der Schmelzpunkt beträgt 42⁰ und soll 43⁰ nicht überschreiten. Geruch und Geschmack nach Pfefferminze. Hinterläßt ein warmes Gefühl auf der Zunge. Atmet man dann Luft ein, so hat man ein Kältegefühl. Sehr schwer löslich in Wasser, aber vollständig löslich in

Alkohol 90%; die Lösung soll neutral sein. Gekocht mit Schwefelsäure und verdünnt mit der Hälfte seines Volumens an Wasser bekommt Menthol eine indigoblaue oder ultramarinblaue Farbe, während die Säure braun wird. Beim Erhitzen auf dem Wasserbade verflüchtigt es sich spurlos.

Menthol. Mentholum.

Frankreich 1908.

Menthol ist einer der Bestandteile, die, zusammengemischt, die Pfefferminzöle bilden; besonders reichlich ist es im japanischen Pfefferminzöl (von Mentha arvensis) enthalten. Man gewinnt es aus diesen Ölen oder auch, indem man das entsprechende Keton, das α-Keton, welches in denselben Ölen vorkommt, reduziert.

Menthol kristallisiert in farblosen, glänzenden, prismatischen Nadeln des hexagonalen Systems. Es hat den starken Geruch und Geschmack der Pfefferminze. Spez. Gew. bei $15^0 = 0{,}890$. Schmelzpunkt 43^0 C, Siedepunkt 213^0. Menthol ist fast unlöslich in Wasser, sehr löslich in Alkohol, Äthyläther, Eisessigsäure und Petroläther. Es löst sich ein wenig in fetten Ölen, besonders in Vaselineöl. Es ist linksdrehend, sein Drehungswinkel beträgt — $50{,}1^0$ bei einer Temperatur von 18^0 C bei einer Lösung von 10 g Menthol in 90 ccm Alkohol 95%. Es soll ohne Rückstand flüchtig sein. Nachdem es in der Wärme geschmolzen ist, soll es, abgekühlt, zu einer Kristallmasse erstarren.

Mentholum. Menthol.

Japan III 1907.

Farblose Kristallnadeln mit charakteristischem, durchdringendem Geruch und brennendem Geschmack mit nachfolgendem Kältegefühl. Schwer löslich in Wasser, die Lösung soll neutral sein. Leicht löslich in Alkohol, Äther und Chloroform. Schmelzpunkt bei ungefähr 43^0, Siedepunkt 212^0. Mischt man 1 Teil Menthol mit 40 Teilen Schwefelsäure, so entsteht eine trübe, bräunlichrote Flüssigkeit, die nach 24 Stunden eine klare farblose Ölschicht ausscheidet, die keinen Mentholgeruch zeigt. Setzt man dazu eine Mischung von 1 ccm Eisessigsäure, 6 Tropfen Schwefelsäure und 1 Tropfen Salpetersäure, so darf keine Färbung entstehen. Verdampft man 0,1 g Menthol auf dem Wasserbade, so darf kein wägbarer, fester Rückstand bleiben. Es soll in wohlverkorkten Flaschen aufbewahrt werden.

**Italien
III 1909.**

Mentolo. Mentholum.

Canfora di menta.

Stearopteno dell' essenza di menta.

$$C_{10}H_{20}O = 156{,}16.$$

Sechseckige farblose Prismen, Geruch und Geschmack sehr stark nach Pfefferminze, Schmelzpunkt $42^0 - 43^0$ C. Siedepunkt 212^0. Es verflüchtigt sich auch bei gewöhnlicher Temperatur. Fast unlöslich in Wasser, dem es aber sein Aroma mitteilt, ist es ganz löslich in Alkohol und Äther. In einem Gemisch von 1 ccm Eisessigsäure mit 3 Tropfen konzentrierter Schwefelsäure und 1 Tropfen Salpetersäure soll sich ein kleiner Mentholkristall ohne gelbe Farbe, die in smaragdgrün übergeht, lösen (Thymol). 0,1 g Menthol, in einem Schälchen auf dem Wasserbade erwärmt, darf keinen nennenswerten Rückstand hinterlassen (Paraffin, Wachs, Stearinsäure und mineralische Substanzen).

**Nieder-
lande IV
1905.**

Mentholum. Menthol.

Der Hauptbestandteil des Pfefferminzöles.

Hexagonale, prismatische, farblose, brüchige Kristalle mit dem eigenartigen Geruch und Geschmack des Pfefferminzöles. Menthol soll sich in 0,2 Teilen Alkohol $90\,^0/_0$ und leicht in Äther sowie in Chloroform lösen. Wenn es sich auch in Wasser nicht löst, so erteilt es demselben doch Geruch und Geschmack. Bei 43^0 C wird es flüssig, Siedepunkt 216^0.

Mit Kampfer, Thymol oder Chloralhydrat in gleicher Gewichtsmenge verrieben, soll es flüssig werden. 1 g Menthol in 5 ccm Alkohol $90\,^0/_0$ gelöst, soll nach Zusatz von 5 ccm Wasser neutrale Reaktion zeigen. Auf dem Wasserbade soll Menthol ohne Rückstand verdampfen.

**Öster-
reich
VIII
1906.**

Menthol.

Prismatische Kristalle oder Nadeln, farblos, vom Geruch und Geschmack des Pfefferminzöles. Schmelzpunkt $42^0 - 43^0$. In Wasser kaum, in Alkohol, Äther und Chloroform leicht löslich. 0,1 g Menthol soll, auf dem Wasserbade erwärmt, ohne Färbung ganz und gar verschwinden. Menthol soll einer Mischung von 1 ccm Eisessigsäure und 3 Tropfen konzentrierter Schwefelsäure auch nach Zusatz von 1 Tropfen Salpetersäure keine Färbung erteilen.

Menthol.

Rußland
VI 1910.

Farblose, nadelförmige Kristalle mit dem Geruch und Geschmack der Pfefferminze, linksdrehend, Schmelzpunkt bei 43⁰, Siedepunkt bei 212⁰, leicht löslich in Äther, Alkohol und Chloroform, schwer in Wasser, beim Erwärmen auf dem Wasserbade ohne Rückstand sich verflüchtigend. Mischt man 1 Teil Menthol mit 40 Teilen Schwefelsäure, so entsteht eine dunkelrote, trübe Flüssigkeit; nach 24 Stunden entsteht an der Oberfläche eine farblose Schicht, die nicht mehr nach Menthol riecht. Erwärmt man 2 g kristallisiertes Menthol auf dem Wasserbade, so müssen sie zu einer nicht gefärbten klaren Flüssigkeit schmelzen, die sich beim weiteren Erhitzen ohne Rückstand verflüchtigt. Menthol muß völlig trocken sein und beim Auspressen auf Filtrierpapier darf absolut kein Fleck hinterbleiben.

Aufzubewahren in gut verschlossenen Gefäßen.

Mentholum. Mentol.

Schweden IX
1908.

Farblose spröde Kristallnadeln mit Geruch und Geschmack von Pfefferminze, die sich schon bei Wasserbadwärme verflüchtigen; fast unlöslich in Wasser, leicht löslich in Alkohol 90 %, Äther, Chloroform oder fetten Ölen. Menthol schmilzt bei 43⁰ und siedet bei 212⁰. 0,1 g Menthol darf bei Verdunstung im Wasserbade einen wägbaren Rückstand nicht geben. Verwahre es in gut geschlossenen Büchsen.

Menthol. Mentolo.

Schweiz
IV 1907.

Farblose Kristalle von erfrischendem, pfefferminzartigem Geruch und zuerst brennendem, dann kühlendem Geschmack. In Weingeist, in Äther und in Chloroform ist Menthol reichlich löslich; in Wasser löst es sich kaum, erteilt ihm aber sein Aroma. Es schmilzt bei 43⁰. Mit dem gleichen Gewicht Thymol oder Chloralhydrat zusammengebracht, verflüssigt es sich unter Abkühlung. Menthol sei vollkommen trocken anzufühlen, es darf, zwischen Filtrierpapier gepreßt, auf diesem keine feuchten Stellen zurücklassen. Beim Erwärmen auf dem Dampfbade schmelze 1 dg Menthol zunächst zu einer klaren farblosen Flüssigkeit und verflüchtige sich alsdann, ohne einen wägbaren Rückstand zu hinterlassen.

Mentol.

Spanien
VII 1905.

Farblose Kristallnadeln, durchsichtig, mit dem starken Geruch und Geschmack der Pfefferminze. Spez. Gewicht 0,890; kaum löslich in Wasser, sehr löslich in Alkohol, Äther, Chloroform und ätherischen Ölen. Es schmilzt bei 42⁰ zu einer Flüssigkeit, die bei 208⁰ siedet. Linksdrehend; es soll sich ohne Rest verflüchtigen.

Löst man es in der doppelten Menge seines Gewichtes an Chloroform und setzt eine geringe Menge Jod zu, so soll die Lösung allmählich eine blaue Farbe annehmen.

Methylsalicylat.

Methylis Salicylas.   Methyl Salicylate.

Amerika
VIII
1905.

Ein künstlich dargestellter Ester. Es ist der Hauptbestandteil des Gaultheria- und Birkenöles. Zu Parfümeriezwecken können Gaultheriaöl, Birkenöl und Methylsalicylat als identische Produkte betrachtet werden. Es soll in wohlverschlossenen Flaschen vor Licht geschützt aufbewahrt werden.

Farblose Flüssigkeit mit charakteristischem, stark aromatischem Wintergreengeruch und süßlichem, warmem, aromatischem Geschmack. Spez. Gewicht bei $25^0 = 1{,}180—1{,}185$, je nach der Menge der anhaftenden Feuchtigkeit. Siedepunkt 219^0--221^0. Es ist optisch inaktiv. Schwer löslich in Wasser, löslich in allen Verhältnissen in Alkohol (94,9 Vol. %), Eisessig und Schwefelkohlenstoff. Die alkoholische Lösung reagiert neutral oder schwach sauer gegen Lackmuspapier. Schüttelt man 1 Tropfen Methylsalicylat mit wenig Wasser und setzt darauf 1 Tropfen Eisenchlorid hinzu, so soll eine tiefviolette Farbe entstehen. Erhitzt man Methylsalicylat auf einem Wasserbade in einem Kolben, der mit einem passenden Kühler versehen ist, so soll es kein Destillat mit den Eigenschaften des Chloroforms und des Alkohols liefern. Tut man 1 ccm Methylsalicylat mit 10 ccm Kalilauge in ein geräumiges Reagenzglas und schüttelt durch, so soll ein dicker weißer Kristallniederschlag entstehen. Läßt man dieses Glas leicht verkorkt etwa 5 Minuten lang in siedendem Wasser stehen und schüttelt gelegentlich, so soll der Niederschlag sich auflösen und eine klare, farblose oder hellgelbe Flüssigkeit bilden ohne Ausscheidung von Öltropfen weder an der Oberfläche noch auf dem Boden der Flüssigkeit (Abwesenheit von flüchtigen Ölen und von Petroleum). Verdünnt man dann diese alkalische Lösung mit 3 Volumen Wasser und fügt einen geringen Überschuß von Salzsäure hinzu, so soll ein weißer Kristallniederschlag entstehen, der, auf dem Filter gesammelt, mit Wasser gewaschen und umkristallisiert aus heißem Wasser, die

Identitäts- und Reinheitsreaktionen der Salicylsäure ergibt (Abwesenheit von Methylbenzoat).

Salicylate de Méthyle. Essence de Wintergreen.

Belgien
III 1906.

Farblose Flüssigkeit von starkem Geruch, wenig in Wasser löslich, wohl aber in Alkohol und Äther. Siedepunkt bei 220°.

Spez. Gew. bei 15° = 1,18—1,19. Die Lösung, welche man durch Schütteln einiger Tropfen Methylsalicylat mit 50 ccm Wasser erhält, nimmt durch Zusatz von 1 Tropfen Eisenchloridlösung eine violette Farbe an. Verseifungszahl mindestens 360.

Salicylate de Méthyle. Methylium salicylicum.

Frank-
reich
1908.

Methylsalicylat ist eine farblose, bewegliche Flüssigkeit von starkem und sehr anhaftendem Geruch. Spez. Gew. bei **16°** = 1,1819. Siedepunkt 224°. Wenig löslich in Wasser, sehr löslich in Alkohol und Äther. Neutral gegen Lackmuspapier. Rauchende Salpetersäure verwandelt es in das Mononitrat, das Kristallnadeln bildet, die bei 149° schmelzen. Methylsalicylat verbindet sich als Abkömmling des Phenols mit den Alkalioxyden zu wenig beständigen Verbindungen; z. B. gibt es in der Kälte mit reiner Kalilauge geschüttelt, ein Kaliderivat, das sich in perlmutterglänzenden Schuppen absetzt. Erwärmt man es mit einer wässerigen Kali- oder Natronlösung, so wird es schnell verseift. Setzt man zu dem Produkt Salzsäure im Überschuß, so fällt die in Freiheit gesetzte Salicylsäure in Nadeln aus. Diese Säure, die man durch Kristallisieren in kochendem Wasser reinigt, hat die für Salicylsäure angegebenen Eigenschaften. Die wässerige Lösung des Methylsalicylates wird durch verdünnte Eisenchloridlösung violett gefärbt. Das offizinelle Methylsalicylat soll farblos sein, sich ohne Rückstand verflüchtigen, neutral reagieren, optisch inaktiv sein und außerdem die vorgenannten physikalischen Eigenschaften haben.

Salicilato di metile. Salicylas methyli.
Ortossibenzoato di metile.

Italien
III 1909.

$$C_8 H_8 O_3 = 152,06.$$

Farblose Flüssigkeit von starkem aromatischem Geruch, löslich in Alkohol und Äther, sehr wenig löslich in Wasser.

Spez. Gewicht bei 15° = 1,182 — 1,187; es destilliert zwischen 218° und 221°.

Schüttet man 1 Tropfen Methylsalicylat mit 10 -12 ccm Wasser, so erhält man eine Emulsion, die durch Zusatz von 1 Tropfen Eisenchloridlösung eine intensiv violette Farbe annimmt.

Salicylas methylicus. Methylsalicylat.

Nieder-
lande IV
1905.

Synthetisch dargestellt. Farblose, klare, stark riechende Flüssigkeit von süßlich aromatischem Geschmack, ganz flüchtig, neutral reagierend, in jedem Verhältnis mit Alkohol mischbar, mit Wasser nicht. Spez. Gew. bei $15^0 = 1{,}176$. Siedepunkt $223^0—224^0$. Schüttelt man 1 Tropfen Methylsalicylat mit 50 ccm Wasser und setzt 1 Tropfen Eisenchloridlösung hinzu, so soll eine dunkelviolette Färbung entstehen. Tropft man 1 ccm Methylsalicylat in 4 ccm Natriumhydroxydlösung und schüttelt durch, so entsteht ein voluminöser, weißer, kristallinischer Niederschlag, der sich beim Erwärmen der Flüssigkeit auf dem Wasserbade ganz auflöst. Die so bereitete Lösung sei klar, farblos oder gelblich; Öltropfen dürfen nicht sichtbar sein.

Methylium salicylicum. Methylsalicylat. Salicylate de méthyle. Salicilato de metile.

Schweiz
IV 1907.

Farblose oder schwach gelbliche ölige Flüssigkeit von eigenartigem Geruch, die bei 15^0 ein spez. Gew. von $1{,}182—1{,}187$ besitzt und bei $218^0—221^0$ siedet. Methylsalicylat ist kaum löslich in Wasser, leicht löslich in Weingeist und in Äther; es mischt sich mit ätherischen und fetten Ölen; die wässerige Lösung wird durch Eisenchlorid violett gefärbt. Werden einige Tropfen Methylsalicylat mit 5 ccm Kupfersulfatlösung $(1 = 25)$ erhitzt, so wird letztere grün gefärbt.

Beim Schütteln von Methylsalicylat mit dem gleichen Volumen Schwefelsäure soll weder sofort, noch nach 24 stündigem Stehen eine rote oder rotbraune Färbung eintreten (Gaultheriaöl).

Oleum Amygdalar. amar. aether.

Amerika
VIII
1905.

Oleum Amygdalae amarae. Oil of Bitter Almond.

Flüchtiges Öl aus bitteren Mandeln und anderen Samen, die Amygdalin enthalten. Es soll, wenn, wie unten angegeben, verfahren wird, einen Gehalt von nicht weniger als $85^0/0$ Benzaldehyd und nicht weniger als 2 und nicht mehr als 4 %/0 Blausäure anzeigen. Es soll in kleinen, wohlverschlossenen, ganz gefüllten, bernsteinfarbigen Flaschen vor Licht und Luft geschützt aufbewahrt werden.

Klare, farblose oder gelbe, stark lichtbrechende Flüssigkeit von eigenartigem aromatischem Geruch und bitterem, brennendem Geschmack. Spez. Gewicht bei $25^0 = 1{,}045—1{,}060$. Siedepunkt bei 180^0 C. Optisch inaktiv. Löslich in 300 Teilen Wasser bei 25^0, in Alkohol und Äther in allen Verhältnissen, soll 1:1 in 70 Vol. %/0 Alkohol löslich sein. Löslich auch in Salpetersäure bei gewöhnlicher Temperatur ohne Entwicklung von NO_2-Dämpfen. Im frischen Zustande ist das Öl neutral gegen Lackmuspapier, älteres rötet dasselbe durch Bildung von Benzoesäure, die, wenn sie isoliert und gereinigt ist, den unter Acidum benzoicum gegebenen Anforderungen entsprechen soll. Bittermandelöl mit Kristallen von Benzoesäure darf nicht verwendet werden. 10 Tropfen Bittermandelöl, gelöst in wenig Alkohol, geschüttelt mit wenigen Tropfen Natronlauge und mit 2 Tropfen Ferrosulfatlösung und 2 Tropfen Eisenchloridlösung, dann erwärmt und zuletzt mit geringem Überschuß an Salzsäure versetzt, sollen eine blaue Färbung geben. (Anwesenheit von Blausäure.)

Wenn man das Schlingenende eines Stückchens Kupferdraht in eine nicht leuchtende Flamme hält, bis es aufhört, eine grüne Flamme zu geben, dann abkühlt, und die Schlinge in Bittermandelöl taucht, anzündet und so hält, daß die Flüssigkeit an der Außenseite der Flamme brennt, dann die Schlinge langsam in Berührung mit dem unteren Teile der Außenseite der Flamme bringt, so darf keine grüne Farbe sichtbar werden. (Abwesenheit von Chlorverbindungen.)

Bringt man ein gefaltetes, mit Bittermandelöl getränktes Stück Filtrierpapier in ein Porzellanschälchen, stülpt ein mit destilliertem Wasser benetztes Becherglas darüber und entzündet das Papier, so wird ein Teil der Verbrennungsgase vom Wasser absorbiert. Spült man dann den Becher mit destilliertem Wasser aus und filtriert die Lösung, so soll das Filtrat durch Silbernitratlösung nicht getrübt werden oder aber schwache Trübung der Lösung durch Kochen verschwinden.

Nachweis von Benzaldehyd siehe diesen (erforderlich 12 Tropfen Bittermandelöl).

Nachweis von Cyanwasserstoffsäure:

1 g des zu untersuchenden Öles wird in einen 100 ccm Kolben mit genügend Wasser und frisch gefälltem, chlorfreiem Magnesiumhydroxyd gebracht; es entsteht eine undurchsichtige Masse. Zu dieser setzt man 2—3 Tropfen Kaliumchromatlösung und mit einer Bürette soviel Zehntel-Normal-Silbernitratlösung, bis die Rotfärbung

durch Schütteln nicht mehr verschwindet. Es sollen nicht weniger als 7,5 und nicht mehr als 14,9 ccm Zehntel-Normal-Silbernitratlösung verbraucht werden. Jeder ccm entspricht 0,002684 g Cyanwasserstoffsäure.

Belgien
III 1906.

Siehe Benzaldehyd.

Frankreich 1908.

Essence d'Amande amère.

Das ätherische Öl aus den bitteren Mandeln, erhalten durch Wasserdampfdestillation nach Maceration des Ölkuchens. Es enthält größtenteils Benzaldehyd nebst einer geringen Menge von Blausäure. Bittermandelöl bildet eine klare, bei der Herstellung farblose Flüssigkeit, die aber mit der Zeit gelblich wird; sie ist stark lichtbrechend, der Geruch aromatisch. Spez. Gewicht bei $15^0 =$ 1,045—1,060. Siedepunkt 180^0. Löslich in 300 Teilen Wasser bei 15^0 und in allen Verhältnissen in Alkohol 95% und Äther. Optisch inaktiv. Die wässerige Lösung des Bittermandelöles hat einen scharfen und brennenden Geschmack.

Man schüttelt 10 Tropfen Bittermandelöl mit 2 ccm 1% Natronlauge, setzt 1 Körnchen Ferrosulfat und 2 Tropfen Ferrichloridlösung hinzu, schüttelt lebhaft durch und säuert mit Salzsäure an. Ist das Öl frisch, so wird sich bald ein blauer Niederschlag infolge der Anwesenheit von Blausäure bilden.

Man löst 1 ccm Öl in 20 ccm Alkohol, setzt Wasser bis zur beginnenden Trübung hinzu, dann Zinkfeilspäne und verdünnte Schwefelsäure, um eine Wasserstoffentwicklung zu erzeugen, die 1—2 Stunden dauert.

Darauf dampft man ein, um den Alkohol zu verjagen, verdünnt auf ungefähr 50 ccm und filtriert. Zu 10 ccm der erhaltenen Flüssigkeit setzt man 1 Tropfen 10% Kaliumchromatlösung und erhitzt einige Augenblicke zum Kochen. Es darf keine rotviolette Farbe entstehen. (Nitrobenzol.)

Spanien
VII 1905.

Esencia de Almendras amargas.

Das ätherische Öl der bitteren Mandeln, erhalten durch Destillation mit Hilfe von Wasser. Wenn frisch bereitet, farblose, mit der Zeit etwas gelbliche Flüssigkeit von saurer Reaktion, eigenartigem Geruch und bitterem Geschmack. Spez. Gewicht bei $15^0 = 1,043$;

auf das polarisierte Licht wirkt es nicht ein. Löslich in 30[1]) Teilen Wasser, in allen Verhältnissen in Alkohol 95 % und Äther. Mit Jod gibt es beim langsamen Auflösen keine heftige Reaktion. Mit Schwefelsäure nimmt es eine braune Farbe an, die durch Zusatz von Alkohol fast vollständig wieder verschwindet. Erwärmt man eine Mischung von 1 Teil Öl, 8 Teilen Alkohol und 1 Teil Kalihydrat bis zum Verdampfen von $^2/_3$ des Alkohols, so darf sich kein kristallinischer Rest bilden und die Flüssigkeit muß eine gelblichbraune Farbe annehmen.

Oleum Anethi.

Oil of Dill.

England
1898.

Das aus der Dillfrucht destillierte Öl.

Hellgelb, Geruch der der Frucht. Geschmack süß und aromatisch. Spez. Gewicht bei $+ 15,5^0 = 0,905—0,920$. Es dreht die Ebene des polarisierten Lichtstrahles nicht weniger als um 70^0 nach rechts bei $15,5^0$ im 100 mm Rohre.

Oleum Anisi.

Oleum Anisi. Oil of Anise.

Amerika
VIII
1905.

Flüchtiges Öl, destilliert aus den Früchten des Anis oder Sternanis (Illicium verum Hooker filius Fam. Magnoliaceen). Es soll in wohlverschlossenen bernsteinfarbigen Flaschen vor Licht geschützt aufbewahrt werden. Falls es sich in einen festen und einen flüssigen Teil geschieden hat, so soll es durch Erwärmen vollständig verflüssigt und dann gut geschüttelt werden, bevor es abgegeben wird.

Farbloses oder hellgelbes, stark lichtbrechendes Öl mit dem charakteristischen Anisgeruch und süßlichem, mildem, aromatischem Geschmack. Spez. Gewicht bei $25^0 = 0,975—0,985$. Dreht links $—2^0$ im 100 mm Rohr bei 25^0 C (Abwesenheit von Fenchelöl). Löslich in gleichen Teilen Alkohol; es soll sich auch in 5 Teilen 90 % Alkohols klar lösen. (Abwesenheit von Petroleum, den meisten fetten Ölen und von Terpentinöl.) Die alkoholische Anisöllösung reagiert neutral gegen Lackmuspapier; sie soll durch Eisenchloridlösung keine blaue oder braune Farbe annehmen (Abwesenheit von einigen flüch-

---

1) Offenbar ein Druckfehler, soll wohl in 300 Teilen heißen.

tigen phenolhaltigen Ölen). Im Meßgläschen mit Wasser geschüttelt,
darf sich das Volumen des Anisöles nicht vermindern. (Abwesenheit
von Alkohol.) Wenn gemäß folgender Methode verfahren wird, soll
der Erstarrungspunkt des Anisöles nicht unter $+15^0$ sein: Man
bringe 10 ccm des Öles in ein Reagenzglas und setze es in mit Eis
gekühltes Wasser, bringe sofort ein Thermometer in das Öl, das un-
getrübt bleiben soll, bis seine Temperatur auf ca. 6^0 C gefallen ist.
Nun rufe man die Kristallisation hervor durch Reiben mit dem
Thermometer an der Innenseite des Reagenzglases oder durch Zusatz von ein wenig festem Anethol. Man entfernt das Reagenzglas
aus dem Bade und rührt immerzu während des Erstarrens des
Öles. Die höchste erreichte Temperatur während des Erstarrens wird
als Erstarrungspunkt betrachtet.

Däne-
mark VII
1907.

Aetheroleum Anisi.   Anisolie.

Pimpinella Anisum L. — Umbelliferae. Das ätherische Öl der
Früchte. Dasselbe bildet bei niedriger Temperatur eine weiße kristallinische Masse; diese beginnt zu schmelzen bei 15^0 und wird bei ungefähr
20^0 vollständig flüssig, ist farblos oder schwach gelblich und stark
lichtbrechend. Geruch stark und eigentümlich, Geschmack süß. Spez.
Gewicht 0,980—0,990.

Vollständig löslich in 1,5 bis 5 Teilen Weinsprit. Es soll immer
in vollständig flüssigem Zustande abgewogen werden.

Deutsch-
land V
1910.

Oleum Anisi. — Anisöl.

Das ätherische Öl des Anis.

Anisöl ist eine farblose oder blaßgelbe, stark lichtbrechende,
optisch aktive ($\alpha D 20^0$ bis -2^0) Flüssigkeit oder eine weiße Kristallmasse, die würzig riecht und sehr süß schmeckt.

Spezifisches Gewicht bei $20^0 = 0,980$—$0,990$.

Erstarrungspunkt 15^0 bis 19^0.

1 ccm Anisöl muß sich in 3 ccm Weingeist (90—91 Vol. $^0/_0$) lösen.

England
1898.

Oil of Anise.

Destillat aus der Anisfrucht oder aus Sternanis (Illicium verum).
Farblos oder hellgelb mit dem Geruch der Frucht und mildem, aromatischem Geschmack. Bei 10^0 bis 15^0 geschüttelt, erstarrt es und
darf unter 15^0 nicht wieder flüssig werden. Spez. Gewicht bei

$20^0 = 0{,}975 - 0{,}990$. Es dreht die Ebene des polarisierten Lichtstrahles leicht nach links.

Essence d'Anis. Oleum Anisi aethereum.

Frankreich 1908.

Das ätherische Öl, erhalten durch Dampfdestillation aus den Früchten des grünen Anis. Enthält 80—90% Anethol.

Farblose, stark lichtbrechende Flüssigkeit von Anisgeruch und süßem Geschmack. Spez. Gewicht bei $+ 17^0 = 0{,}980 - 0{,}990$.

Es wird fest bei $+ 18^0$ bis $+ 14^0$. Löslich in 3 Teilen 90% Alkohols. Schwach linksdrehend. Die alkoholische Lösung des Anisöles soll gegen Lackmuspapier neutrale Reaktion zeigen; durch Zusatz von Eisenchloridlösung soll sie sich nicht färben. (Phenole.)

Essenza di Anice. Oleum volatile pimpinellae anisi.

Italien III 1909.

Farblose oder blaßgelbe Flüssigkeit, stark lichtbrechend, Geruch nach Anis, Geschmack aromatisch, süßlich.

Spez. Gewicht bei $20^0 = 0{,}980 - 0{,}990$.

Es erstarrt beim Abkühlen zu einer Kristallmasse, die bei $+ 15^0$ zu schmelzen beginnt und bei $+ 19^0$ bis $+ 20^0$ sich völlig auflöst.

In allen Verhältnissen in absolutem Alkohol und in 2—3 Volumen 90 Vol. % Alkohols ist es löslich.

Oleum Anisi.

Niederlande IV 1905.

Das durch Destillation mit Wasser aus der Anisfrucht bereitete flüchtige Öl.

Farblose oder gelbliche stark lichtbrechende Flüssigkeit. Geschmack süßlich, eigenartig aromatisch. Spez. Gewicht bei $15^0 = 0{,}980$ bis $0{,}990$. Bei mindestens 14^0 muß es erstarren. Anisöl soll sich in 2 Volumen Alkohol 90% lösen. Im Notfalle darf dabei bis auf 20^0 erwärmt werden.

Oleum Anisi.

Rußland VI 1910.

Es wird dargestellt durch Destillation der Anisfrucht (Pimpinella Anisum L.) mit Wasserdampf.

Farbloses, durchsichtiges oder etwas gelbliches, stark lichtbrechendes Öl, spez. Gewicht bei $15^0 = 0{,}980 - 0{,}990$, von angenehmem Geruch und süßlichem Geschmack. Unter 10^0 verwandelt es sich in eine Kristallmasse, die bei $17^0 - 21^0$ schmilzt. Löslich in 2—3 Teilen 90%

Alkohols zu einer farblosen, neutral reagierenden Lösung. Das Öl darf das polarisierte Licht nicht nach rechts drehen. Die alkoholische Lösung des Öles darf durch Zusatz von 1 Tropfen Eisenchlorid keine violette Farbe annehmen. Befeuchtet man ein Stück Zucker mit einem Tropfen Anisöl und schüttelt mit 500 ccm Wasser, so muß letzteres einen angenehmen Anisgeschmack haben.

Anisöl, welches bei $+ 22^0$ schmilzt und bei $+ 10^0$ erstarrt, wird für medizinische Zwecke zugelassen.

Anisöl wird in gut verkorkten Gefäßen und in kühlen Räumen aufbewahrt.

**Schweiz
IV 1907.**

Anisöl. Essence d'anis. Essenza di anice.

Das durch Destillation mit Wasserdampf aus der Frucht von Pimpinella Anisum Linné gewonnene ätherische Öl.

Anisöl ist bei mittlerer Temperatur eine farblose oder schwach gelbliche, stark lichtbrechende Flüssigkeit, die in der Kälte zu einer kristallinischen Masse erstarrt, welche bei 15^0 zu schmelzen beginnt und sich bei $19^0—20^0$ völlig verflüssigt. Sein spez. Gewicht beträgt bei $15^0 = 0,984 - 0,994$.

Anisöl mische sich mit absolutem Alkohol in jedem Verhältnis. 1 Volumen Anisöl löse sich in 5 Volumen Weingeist von 90 Vol. $^0/_0$ und in 200 Volumen Weingeist von 60 Vol. $^0/_0$. Die weingeistige Lösung soll Lackmuspapier nicht röten und durch Eisenchlorid nicht verändert werden. Mit Salzsäuregas gesättigter absoluter Alkohol bewirke in einigen Tropfen Anisöl Blaufärbung.

Anisöl hat einen charakteristischen Geruch und einen süßlichen Geschmack. Seine optische Drehung beträgt bis $— 2^0$ im 100 mm Rohr bei $+ 25^0$ C.

**Spanien
VII 1905.**

Esencia de Anis.

Das durch Destillation des Anis mit Hilfe von Wasser erhaltene ätherische Öl. Anisöl ist farblos, bei gewöhnlicher Temperatur flüssig, stark lichtbrechend. Geruch angenehm, Geschmack süßlich und aromatisch. Spez. Gewicht bei $15^0 = 0,984—0,986$. Bei $+ 10^0$ wird es zu einer weißen Kristallmasse. Löslich in Alkohol in allen Verhältnissen, die Lösung darf Lackmuspapier nicht röten, auch darf sie auf Zusatz von Eisenchloridlösung nicht die Farbe ändern.

Oleum Anisi stellati.

Essence de Badiane. Ol. Anisi stellati aether.

Frank-
reich
1908.

Das durch Dampfdestillation aus der Sternanisfrucht erhaltene ätherische Öl. Es enthält, ebenso wie Anisöl, 80—90% Anethol. Farblose oder leicht gelbliche stark lichtbrechende Flüssigkeit, spez. Gewicht bei $15^0 = 0{,}980$ bis $0{,}990$. Es wird oberhalb $+ 15^0$ fest und gibt mit 3 Teilen 90% Alkohol eine klare Lösung. Schwach linksdrehend.

Oleum Aurantii corticis.

Oil of Orange Peel.

Amerika
VIII
1905.

Das aus den frischen Schalen der süßen Orange durch Pressen gewonnene Öl. Kühl und gut verkorkt in kleinen bernsteinfarbigen Flaschen aufzubewahren, um soweit als möglich die Entwicklung von Terpentingeruch zu verhüten.

Öle, welche einen solchen Geruch entwickelt haben, sollten nicht verabfolgt werden.

Hellgelbes Öl mit dem charakteristischen, aromatischen Geruch der Orange und aromatischem Geschmack. Spez. Gewicht bei $25^0 = 0{,}842—0{,}846$. Optische Drehung $= + 95^0$ bei 25^0 C im 100 mm Rohr. (Abwesenheit von Terpentinöl usw.). Bei der Fraktionierung dürfen die bei über 170^0 C übergehenden Anteile kein Nitrosochlorid und Nitrosopinen (abstammend von zugefügtem Terpentinöl) liefern, wenn in der folgenden Weise verfahren wird: Man löse 5 ccm der Fraktion in der Hälfte ihres Volumens an Eisessigsäure auf und setze 5 ccm Amylnitrit hinzu; dann kühle man gründlich in einer Kältemischung und setze dann sehr langsam 5 ccm einer Mischung von gleichen Volumen Salzsäure und Eisessig hinzu. Nach einigem Stehen sammele man die von der blauen oder grünen Flüssigkeit sich abscheidenden Kristalle, lege sie auf Filtrierpapier und wasche sie mit ein wenig Alkohol. Dann bringe man die Kristalle mit 5 ccm alkoholischer Kalilauge in einen Kolben und erwärme 15 Minuten auf dem Wasserbade. Nun gieße man die Lösung in kaltes Wasser, sammele den Niederschlag und wasche ihn mit kaltem Wasser. Nun kristallisiere man den Niederschlag aus Alkohol um und bestimme den Schmelzpunkt der Kristalle. Nitrosopinen schmilzt bei 132^0 C, während

Nitrosolimonen oder Carvoxim (von Limonen, einem der normalen Bestandteile des Orangenrindenöles) bei 72⁰ schmilzt.

Essence d'Écorce d'Orange.

**Belgien
III 1906.**

Das aus der frischen Rinde von Citrus Bigaradia N. Duhamel durch Auspressen gewonnene Öl. Gelbe oder bräunliche Flüssigkeit von angenehmem Geruch und mildem, aromatischem Geschmack. Spez. Gewicht bei $15^0 = 0{,}848—0{,}852$. Mit Alkohol 95⁰/o gibt es eine trübe Mischung.

Essence d'Orange, Essence de Portugal, Oleum Aurantii aethereum.

**Frank-
reich
1908.**

Das ätherische Öl der süßen Pomeranze, gewonnen durch Auspressen des äußeren Teiles des Pericarps der frischen Frucht.

Blaßgelbes Öl mit dem charakteristischen Geruch der Orange, spez. Gewicht bei $15^0 = 0{,}848$ bis $0{,}853$. In allen Verhältnissen in absolutem Alkohol und Schwefelkohlenstoff löslich. Löslich in vier Volumen 95⁰/o Alkohols zu einer gegen Lackmus neutralen Lösung. Stark rechtsdrehend, im 100 mm Rohr bei $15—20^0$ C wenigstens $+ 95^0$.

Oleum Aurantii corticis. Oil of Orange Peel.

**Japan III
1907.**

Ein flüchtiges Öl, erhalten durch Auspressen der Fruchtschalen verschiedener Citrusarten. Farblose oder gelbliche dünne Flüssigkeit mit charakteristischem, aromatischem Geruch und etwas bitterem Geschmack. Sie ist nicht klar mischbar mit gleichen Teilen Alkohol (90 Vol. ⁰/o) und braust mit Jod gemischt auf. Spez. Gewicht bei $15^0 = 0{,}850$ bis $0{,}860$.

Oleum Aurantiorum.

**Nieder-
lande IV
1905.**

Das durch Auspressen aus der Schale der frischen Orangenfrucht bereitete Öl. Dünne gelbliche Flüssigkeit von eigenartigem, etwas bitterem Geschmack. Spez. Gewicht bei $15^0 = 0{,}850 - 0{,}870$. Zwischen 175^0 und 180^0 soll das Öl fast ganz destillieren. Es soll sich in 7 Teilen Alkohol (90 Vol. ⁰/o) lösen.

Oleum Aurantii pericarpii.

**Öster-
reich
VIII
1906.**

Das aus den frischen Schalen von Citrus Aurantium erhaltene Öl soll klar sein, den eigenartigen Geruch der Orangenschale und angenehmen, aromatischen, etwas bitteren Geschmack haben. Spez. Gewicht bei $15^0 = 0,848$ bis 0,852. In Alkohol (90 Vol. $^0/0$) soll es sich leicht lösen. Im Laufe der Zeit scheiden sich Kristallteilchen ab, die in Alkohol löslich sind.

Esencia de Naranja. Essentia aurantii.

Spanien
VII 1905.

Das durch Auspressen oder durch Destillation mit Hilfe von Wasser aus dem Epicarp der Frucht von Citrus Aurantium Risso erhaltene ätherische Öl. Farbloses, mehr oder weniger flüssiges oder leicht gelbliches Öl; Geruch milde, eigenartig, sein spez. Gew. schwankt zwischen 0,835 und 0,844, je nachdem das Öl durch Auspressen oder durch Destillation gewonnen ist. Es ist rechtsdrehend, sein Drehungswinkel beträgt $+ 82^0$. Löst sich gut in absolutem Alkohol, in Äther und in fetten Ölen; auf Jod und auf Salpetersäure reagiert es heftig, aber ohne Geräusch. Mit verdünnter Salzsäure bildet sich ein fluoreszierender Körper mit Orangengeruch.

Oleum Aurantii florum.

Essence de fleur d'Oranger. Essence de néroly.

Belgien
III 1906.

Das durch Destillation der frischen Blüten von Citrus Bigaradia N. Duhamel erhaltene Öl. Gelbliche, in der Durchsicht bräunliche, wenig fluoreszierende Flüssigkeit von starkem und angenehmem Geruch und bitterem Geschmack; löslich in 1,5 bis 2 Volumen 80 Vol.-$^0/_0$ Alkohols, gibt damit eine klare Flüssigkeit von blauvioletter Fluoreszenz. Diese alkoholische Lösung trübt sich durch Zufügung einer neuen Menge Alkohols. Spez. Gew. bei $15^0 = 0,870—0,880$. Die Verseifungszahl schwankt zwischen 20 und 55.

Essence de Fleur d'Oranger. Néroli. Oleum Aurantii florum aethereum.

Frankreich
1908.

Das durch Destillation mit Dampf aus den frischen Blüten der bitteren Pomeranze erhaltene Öl. Orangenblütenöl ist eine gelbliche, mehr oder weniger dunkle Flüssigkeit von angenehmem Geruch nach Orangenblüten, aromatischem und bitterem Geschmack. Spez. Gew. bei $15^0 = 0,875—0,880$. Löslich in 95$^0/0$ Alkohol, mit dem es eine gegen Lackmuspapier neutral reagierende Lösung gibt.

Japan III 1907.

Oleum Aurantii florum. Oil of Oranger Flower.

Ein flüchtiges Öl, erhalten durch Destillation mit Wasser aus den frischen Blüten verschiedener Citrusarten.

Bräunlichgelbe dünne Flüssigkeit, neutral reagierend, von sehr angenehmem Geruch. Klar mischbar mit 1—2 Teilen Alkohol (90 Vol. %). Spez. Gew. bei $15^0 = 0{,}860$—$0{,}880$. Nimmt man ein kleines Quantum Öl in ein Reagenzglas und setzt vorsichtig etwas Alkohol hinzu, so daß sich zwei Schichten bilden, so soll nach dem Durchschütteln eine violette Fluoreszenz entstehen.

Italien III 1909.

Essenza di Neroli. Essenza di fiori d'arancio amaro. Oleum volatile florum aurantii amari.

Gelbe Flüssigkeit, die an der Luft und am Licht rötlich wird. Geruch nach Orangenblüten, Geschmack pikant und aromatisch. Spez. Gew. bei $15^0 = 0{,}870$—$0{,}880$. Löslich 1 : 2 in 90 Vol. % Alkohol, mit mehr Alkohol opalisiert es. Fluoresziert etwas bläulich. Mit konzentrierter Natriumbisulfitlösung geschüttelt nimmt es eine rote Farbe an. Durch Zusatz von Alkohol fluoresziert das Öl stärker.

Österreich VIII 1906.

Oleum Aurantii florum.

Das durch Destillation gewonnene ätherische Öl aus den frischen Blüten von Citrus Aurantium sei frisch farblos oder wenig gelblich, wenig fluoreszierend, mit der Zeit gelb werdend, zuletzt braungelb. Geruch eigenartig, sehr lieblich nach Orangenblüten, Geschmack erst süßlich, dann aromatisch und bitter. Spez. Gew. bei $15^0 = 0{,}870$ bis $0{,}880$. Sehr leicht in Alkohol (90 Vol. %) löslich; die alkoholische Lösung fluoresziert violett.

Schweiz IV 1907.

Oleum Aurantii floris. Oleum Neroli. Pomeranzenblütenöl. Essence de fleur d'oranger. Essenza di fiore di arancio.

Das aus der frischen Blüte von Citrus Aurantium L. subspec. amara L. (Citrus vulgaris Risso) erhaltene ätherische Öl.

Pomeranzenblütenöl ist gelblich, dünnflüssig, von neutraler Reaktion. Sein spez. Gew. bei 15^0 beträgt $0{,}870$—$0{,}880$. Beim Überschichten mit Weingeist, in welchem es in allen Verhältnissen klar löslich ist, tritt eine blaue Fluoreszenz auf. Pomeranzenblütenöl sei unlöslich in Schwefelkohlenstoff, löslich in $1\frac{1}{2}$—2 Volumen Weingeist von 80 Vol. %; bei weiterem Zusatz von Weingeist von gleicher Stärke

werde die Flüssigkeit getrübt durch Ausscheidung von Kristall-
flitterchen. Wird das Öl mit Natriumbisulfit gemischt, so entstehe
eine purpurrote Farbe.

Konzentrierte oder rauchende Salpetersäure bewirke Rotfärbung
des Öles. Pomeranzenblütenöl hat einen charakteristischen Geruch
und einen zuerst süßlichen, dann bitteren Geschmack. Seine optische
Drehung beträgt $+ 1^0\ 30'$ bis $+ 5^0$ im 100 mm Rohre.

Esencia de Azahar. Essentia floris aurantii.

Spanien
VII
1905.

Das durch Destillation mit Hilfe von Wasser aus den Blüten
der bitteren Orange erhaltene Öl.

Farblose Flüssigkeit, die durch Aussetzen an die Luft und Alter
gelblich wird, von neutraler Reaktion. Das Öl dreht die Ebene des polarisierten Lichtes nach rechts, sein spez. Gew. bei $15^0 = 0{,}850—0{,}900$.
Mit Jod gibt es ein kleines Geräusch und es entwickeln sich violette
Dämpfe. Läßt man die Lösung stehen, so setzt sich eine weiße
Kristallmasse ab. Wenig löslich in Alkohol, Geschmack aromatisch
und nicht bitter.

Oleum Bergamottae.

Essence de Bergamote.

Belgien
III 1906.

Das aus den frischen Schalen von Citrus Bergamia Risso durch
Auspressen erhaltene Öl.

Gelbbraune oder grünliche Flüssigkeit von angenehmem Geruch
und bitterem Geschmack, löslich in $95^0/_0$ Alkohol; spez. Gew. bei
$15^0 = 0{,}880—0{,}890$. In einen Glaskolben von 100 ccm füllt man
2 ccm Öl, setzt dazu 10 ccm $95^0/_0$ Alkohol, 1 Tropfen Phenolphthaleinlösung und eine genügende Menge alkoholische Halb-Normal-Kalilauge
bis zur Rotfärbung der Flüssigkeit. Dann fügt man noch 20 ccm alkoholische Halb-Normal-Kalilauge hinzu und läßt die Mischung im
Kolben am Rückflußkühler sacht eine Stunde lang kochen. Nach
dem Erkalten verdünnt man mit 50 ccm Wasser und titriert den
Überschuß an Kalilauge mit Halb-Normal-Schwefelsäure zurück Der
Zusatz von Halb-Normal-Schwefelsäure soll zwischen 10,8 und 13,9 ccm
betragen, was einem Gehalt an Linalylacetat von $45—30^0/_0$ entspricht. Auf dem Wasserbade eingedampft, soll Bergamottöl ca.
$5—6^0/_0$ Rückstand hinterlassen.

**Frank-
reich
1908.**
Essence de Bergamote. Oleum Bergamottae aethereum.

Das ätherische Öl, erhalten durch Auspressen des äußeren Teiles des Pericarps der frischen Frucht von Citrus Bergamia Risso. Es verdankt seinen eigenartigen Geruch hauptsächlich dem Linalylacetat, das es enthält und dessen Menge, auf die unten angegebene Weise festgestellt, 35—40% beträgt. Bergamottöl ist eine grünliche oder grüngelbliche Flüssigkeit von angenehmem Geruch und bitterem Geschmack. Spez. Gew. bei $15^0 = 0,881—0,886$. In allen Verhältnissen mit $95^0/o$ Alkohol mischbar. Rechtsdrehend, Drehungswinkel im 50 mm Rohr $= + 4^0$ bis $+ 8^0$.

Probe auf Linalylacetat:

Man wiegt genau ca. 4 g Bergamottöl in einen 100 ccm Kolben aus böhmischem Glas, setzt 10 ccm alkoholische Normal-Kalilauge hinzu und schließt das Gefäß mit einem durchbohrten Korken, durch dessen Loch ein langes Glasrohr gesteckt ist, das als Rückflußkühler dienen soll. Man erwärmt $1/2$ Stunde auf dem Wasserbade, läßt abkühlen, setzt 50 ccm destilliertes Wasser hinzu und nach Zusatz einiger Tropfen Phenolphthaleinlösung tropfenweise mittelst einer graduierten Bürette Normal-Schwefelsäure, genau bis zu dem Augenblick, wo die rote Farbe, die vom Phenolphthalein herrührt, verschwindet.

Die Zahl der angewendeten ccm, abgezogen von 10, gibt das Volumen der Kalilauge an, die zur Verseifung des Linalylacetates nötig war. Den Prozentgehalt an Ester erhält man durch Multiplikation der gefundenen Zahl mit 19,6 und Division des Produktes durch das Gewicht des zum Versuche verwendeten Öles. Die Zahl soll mindestens 35 betragen. Dieser Versuch gibt nur dann ein genaues Resultat, wenn das Bergamottöl kein fettes Öl enthält. Man untersucht darauf folgendermaßen: 5 g Bergamottöl wiegt man in ein tariertes kleines Porzellanschälchen, dampft auf dem Wasserbade ab, läßt, wenn der Rückstand den Geruch nach Bergamottöl verloren hat, erkalten und wiegt. Das Gewicht des Rückstandes darf nicht mehr als 0,3 g $(6^0/o)$ betragen.

**Japan III
1907.**
Oleum Bergamottae. Bergamot Oil.

Dünnflüssiges Öl, erhalten durch Auspressen des frischen Pericarps von Citrus Bergamia Risso und Poiteau.

Grüne oder grünlichgelbe Flüssigkeit von sehr angenehmem, charakteristischem Geruch und aromatischem, bitterem Geschmack.

Mischbar in allen Verhältnissen mit Eisessigsäure. Spez. Gew. bei 15⁰ C = 0,880—0,886. Mischt man 2 Volumen Bergamottöl mit 1 Volumen Alkohol (90 Vol. ⁰/o), so bildet sich eine klare, leicht saure Flüssigkeit; nach weiterem Zusatz einer größeren Menge von Alkohol darf keine Trübung entstehen. Mischt man 1 Volumen des Öles bei 20⁰ mit 1,5—2 Volumen einer Mischung, bestehend aus 80 ccm Alkohol (90 Vol. ⁰/o) und 10 ccm Wasser, so soll eine klare Lösung entstehen und es dürfen sich keine Öltropfen niederschlagen, obwohl eine Trübung sein darf. Verdampft man 2 g Öl auf dem Wasserbade, bis man den Geruch nicht mehr erkennen kann, so sollen höchstens 6⁰/o einer weichen grünen Masse zurückbleiben. Wenn man 1 ccm Bergamottöl mit einer Mischung von 5 ccm Wasser und 5 Tropfen Essigsäure schüttelt und filtriert, so soll das Filtrat mit Schwefelwasserstoffwasser nur eine ganz geringe Färbung zeigen. Aufzubewahren in gut verschlossenen Flaschen vor Licht geschützt und an einem kühlen Platze.

Oleum Bergamottae.

Rußland VI 1910.

Es wird durch Ausdrücken der Schalen von frischen Früchten der Citrus Bergamia hergestellt.

Durchsichtige Flüssigkeit von gelblicher oder grünlicher Färbung. Spez. Gew. bei 15⁰ = 0,880—0,886. Geruch besonders angenehm, Geschmack bitterlich angenehm. 1 Volumen Bergamottöl gibt mit ¹/₂ Volumen Alkohol (90 Vol. ⁰/o) eine klare Lösung von wenig saurer Reaktion, die sich durch weiteren Zusatz von Alkohol nicht trübt. Rechtsdrehend. Beim Erwärmen im Wasserbade müssen 4—6 ⁰/o Rückstand bleiben. Mit Jod gibt es eine Verpuffung.

Bergamottöl. Essence de bergamotte. Essenza di bergamotto.

Schweiz IV 1907.

Das aus der frischen Fruchtschale von Citrus Aurantium Linné subspec. Bergamia (Risso et Poiteau) Wight et Arnott durch Pressung erhaltene ätherische Öl.

Bergamottöl besitzt meist eine grüne Farbe sowie neutrale oder schwach saure Reaktion. Sein spez. Gew. beträgt bei 15⁰ = 0,881—0,886. Bergamottöl gebe mit ¹/₄—¹/₂ Volumen Weingeist 90⁰/o eine klare Lösung, die durch einen weiteren Zusatz von Weingeist nicht getrübt werde. 4 Volumen Bergamottöl mischen sich klar mit 1 Volumen Schwefelkohlenstoff; bei weiterem Zusatz des letzteren werde die Mischung trübe. Bei 20⁰ löst sich das Öl in 1¹/₂—2 Volumen Weingeist von 80 Vol. ⁰/o und soll auch auf weiteren Zusatz von

Weingeist von gleicher Stärke nur schwach durch Abscheidung von Bergapten getrübt werden.

Werden 2 g Öl auf dem Dampfbade verdunstet, bis ein geruchloser Rückstand hinterbleibt, so soll dieser höchstens 12 Centigramm wiegen und kein fettes Öl enthalten. 2 g Bergamottöl werden mit weingeistiger Kalilauge zur Trockne verdampft; wird der Rückstand verascht, mit Wasser aufgenommen und die Flüssigkeit filtriert, so darf das Filtrat nach dem Ansäuern mit verdünnter Salpetersäure durch Silbernitrat nicht getrübt werden.

2 g Bergamottöl werden mit 20 ccm weingeistigem Halb-Normal-Kali eine halbe Stunde auf dem Dampfbade am Rückflußkühler zu schwachem Sieden erhitzt. Dann läßt man abkühlen, versetzt mit 100 ccm Wasser und titriert mit Halb-Normal-Schwefelsäure unter Zusatz von einigen Tropfen Phenolphthalein bis zum Verschwinden der Rotfärbung. Dazu dürfen nicht mehr als 12,6 ccm Säure verbraucht werden, was einem Minimalgehalt von $36\,^0/_0$ Ester im Bergamottöl entspricht. Bergamottöl hat einen charakteristischen Geruch und bitteraromatischen Geschmack. Optische Drehung $= + 8^0$ bis $+ 20^0$ im 100 mm Rohr bei 15^0 C.

Spanien
VII 1905.

Esencia de Bergamota.

Das durch Auspressen oder durch Destillation mit Hilfe von Wasser aus dem Epikarp der Bergamotte erhaltene ätherische Öl. Grüngelbliche oder grüne dünne Flüssigkeit, schwach sauer reagierend, rechts drehend, spez. Gew. bei $15^0 = 0,860 - 0,880$. Geschmack bitter. Löslich in der Hälfte seines Volumens von 85 Vol. $^0/_0$ Alkohol und in Kalilauge. Durch Zusatz von Jod entsteht ein leichtes Geräusch unter Ausscheidung von violetten Dämpfen. 4 Volumen Öl und 1 Volumen Schwefelkohlenstoff geben eine klare, durchsichtige Mischung, aber durch größeren Zusatz von Schwefelkohlenstoff entsteht eine dauernde Trübung.

Oleum Betulae.

Amerika
VIII
1905.

Oleum Betulae. Oil of Betula.

Ein flüchtiges Öl, gewonnen durch Maceration und Destillation aus der Rinde von Betula lenta Linné (Fam. Betulaceen). Es soll in wohlverschlossenen bernsteinfarbigen Flaschen an einem kühlen Orte vor Licht geschützt aufbewahrt werden. Optisch ist es inaktiv, sonst hat es im ganzen dieselben Eigenschaften und Prüfungen wie Oleum Gaultheriae.

Oleum Betulae empyreumaticum = Ol. Rusci.

Pix Betulae liquida. Birch Tare. Oleum Rusci. Oil of Betula. Japan III 1907.

Ein Teer, erhalten bei der trocknen Destillation aus dem Holze von Betula alba Linné.

Schwärzlichbraune, dicke, ölige Flüssigkeit mit charakteristischem, durchdringendem Geruch und durchsichtig in dünnen Schichten. Schüttelt man 1 Teil Öl mit 20 Teilen Wasser und filtriert, so sollen 10 ccm des Filtrates nach Zusatz von 15 Tropfen einer Lösung von 1 Teil Eisenchloridlösung mit 200 Teilen Wasser eine dauernd grüne Farbe annehmen.

Siehe Ol. Betulae empyr. depurat. Niederlande IV 1905.

Oleum Betulae empyreumaticum. Österreich VIII 1906.

Ein empyreumatisches Öl, durch trockne Destillation aus der Wurzel, dem Holz und der Rinde von Betula alba gewonnen; von braunschwarzer Farbe und eigenartigem, durchdringendem, lederähnlichem, empyreumatischem Geruch. Ein Teil des Öles soll, mit 20 Teilen Wasser geschüttelt, ein Filtrat ergeben, das durch Zusatz von 15 Tropfen einer Mischung aus 1 Teil Eisenchloridlösung und 1000 Teilen Wasser eine dauernd grüne Färbung erhält.

Brenzliches Birkenöl. Huile russe. Olio di betula. Schweiz IV 1907.

Der aus dem Holze von Betula verrucosa Ehrhardt und Betula pubescens Ehrhardt durch trockne Destillation erhaltene Teer.

Brenzliches Birkenöl ist dickflüssig, braun, in dünner Schicht rotbraun, klar. Sein spez. Gewicht bei 15° liegt zwischen 0,926 und 1,05. Brenzliches Birkenöl gibt klare Lösungen mit dem dreifachen Volumen Amylalkohol, Chloroform, Eisessig, absolutem Alkohol, Weingeist von 95 Vol. %, trübe Mischungen dagegen mit Äther, Terpentinöl, Petroläther, Schwefelkohlenstoff. Wird brenzliches Birkenöl mit 4 Teilen Wasser erwärmt und die Mischung nach dem Erkalten filtriert, so besitzt das fast farblose Filtrat brenzlichen Geruch und saure Reaktion, reduziert ammoniakalische Silberlösung bei gewöhnlicher Temperatur, Fehlingsche Lösung beim Erwärmen und färbt sich durch Eisenchlorid (1 = 1000) grün. 1 ccm desselben Filtrates wird durch 1 Tropfen Kaliumbichromat rasch braun und bis zur Undurchsichtigkeit trüb.

Brenzliches Birkenöl besitzt einen eigenartigen Geruch.

Oleum Betulae empyreumaticum depuratum.

Niederlande IV 1905.

Ol. Betulae empyreumatic. depur., Ol. Rusci dep.
Birkenteerolie.

Das durch Rektifikation des flüssigen Teeres gewonnene Öl, der in Rußland durch trockne Destillation der Stämme von Betula alba bereitet wird.

Leicht bewegliche, klare, gelbe Flüssigkeit, die an der Luft bald braun wird und langsam in ein Harz übergeht. Geruch nach Teer. Einige Tropfen Öl, mit Kalilauge erwärmt, geben einen aromatischen Geruch nach Birkenholz und Terpentinöl.

Spez. Gewicht bei $15^0 = 0{,}920$—$0{,}945$. In Wasser fast unlöslich, ist es in absolutem Alkohol, Äther, Petroläther und ca. 1:10 in Alkohol (90 Vol. %) löslich. Schüttelt man 1 Tropfen des Öles mit 5 ccm Wasser, so soll das Filtrat sauere Reaktion zeigen. Durch Zusatz von Eisenchloridlösung (1:1000) soll es grün werden, mit Bromwasser milchig. Zwischen 180^0 und 240^0 C sollen ungefähr $30^0/_0$ des gereinigten Birkenteeröles destillieren.

Oleum cadinum.

Amerika VIII 1905.

Oil of Cade.

Produkt der trocknen Destillation des Holzes von Juniperus oxycedrus Linné (Fam. Coniferae).

Bräunliches bis dunkelbraunes, klares, dickes Öl mit Teergeruch und brenzlichem, brennendem, etwas bitterem Geschmack. In Wasser ist es fast unlöslich, aber es erteilt demselben sauere Reaktion. Teilweise in Alkohol (94,9 Vol. %), vollständig in Äther löslich.

Oil of Cade.

England
1898.

Eine empyreumatische, ölige Flüssigkeit, durch trockne Destillation der Holzteile von Juniperus oxycedrus und anderen Juniperusarten gewonnen. Dunkelrötlichbraune oder fast schwarze, mehr oder weniger zähe ölige Flüssigkeit von nicht unangenehmem, empyreumatischem Geruch und aromatischem, bitterem und scharfem Geschmack.

Spez. Gew. bei $15,5^0$ C = ungefähr 0,990. Löslich in Äther und Chloroform, zum Teil in kaltem, fast ganz in heißem 90 Vol. % Alkohol, sehr wenig löslich in Wasser. Die filtrierte wässerige Lösung ist fast farblos und reagiert sauer.

Pix Juniperi liquida. Oleum Cadinum. Juniper Tar. Oil of Cade.

Japan III
1907.

Ein Teer erhalten bei der trocknen Destillation des Holzes von Juniperus oxycedrus Linné und verschiedenen anderen Juniperusarten.

Dunkelbraune, ölige, dicke Flüssigkeit, durchsichtig in dünnen Schichten. Löslich in Chloroform, Äther und Anilin, fast vollständig löslich in Terpentinöl. Schüttelt man 1 Teil Öl mit 20 Teilen Wasser und filtriert, so sollen 10 ccm des Filtrates durch Zusatz von 15 Tropfen einer Mischung von 1 Teil Eisenchlorid und 200 Teilen Wasser eine dauernd rote Farbe annehmen.

Olio cadino.
Oleum cadinum. Olio empireumatico di ginepro.

Italien
III 1909.

Der durch trockne Destillation des Holzes von Juniperus oxycedrus L. erhaltene Teer. Sirupartige Flüssigkeit von dunkelbrauner Farbe, Geruch empyreumatisch nach Rauch, der an Wacholder erinnert. Geschmack scharf und aromatisch. Spez. Gewicht bei 15^0 == 0,99—1,05. Der Teer ist ganz wenig löslich in Wasser, dem er saure Reaktion erteilt; löslich in Äther, Chloroform und absolutem Alkohol. Mit Schwefelkohlenstoff und Benzin gibt er trübe Mischungen.

Erwärmt man 1 Teil Öl mit 4 Teilen Wasser und läßt erkalten, so erhält man ein hellgelb gefärbtes Filtrat von saurer Reaktion und dem Geruch des Öles. Es reduziert in der Kälte ammoniakalische Silbernitratlösung und in der Wärme Fehlingsche Lösung und färbt sich mit einer ganz verdünnten Eisenchloridlösung rotbraun.

Beim Erhitzen unter gewöhnlichem Druck gehen bei $150^0 - 300^0$ ungefähr 65% über. Ein geringeres Ergebnis zeigt eine Verfälschung mit Fichtenteer an.

Nieder-lande IV 1905.

Oleum Juniperi empyreumaticum. Oleum cadinum. Cadeolie.

Ein flüssiger Teer, in Mitteleuropa durch trockne Destillation des Holzes von Juniperus oxycedrus gewonnen. Dunkelgelb, Geruch fast nach flüssigem Teer, Geschmack scharf, brennend und bitter. Spez. Gew. bei $15^0 = 0{,}980-1{,}00$. In Wasser fast unlöslich, in absolutem Alkohol, Äther, Schwefelkohlenstoff, Chloroform und Anilin löslich, in Petroläther lösen sich ca. 90%. Fügt man die vierfache Menge Alkohol hinzu, so entsteht eine trübe Mischung, die beim Erwärmen klar wird und beim Erkalten allmählich die Hälfte des Öles, eine dickliche gelbe Flüssigkeit, abscheidet. 5 ccm Wasser, mit 1 Tropfen Kadeöl geschüttelt, sollen nach dem Filtrieren sauere Reaktion geben. Mit Bromwasser wird es milchig. Zwischen 250^0 und 275^0 sollen 30% des Öles überdestillieren.

Öster-reich VIII 1906.

Oleum Juniperi empyreumaticum $=$ Oleum cadinum.

Das aus dem Holz von Juniperus oxycedrus (L.) durch trockne Destillation erhaltene empyreumatische Öl. Dunkelbraun, dickflüssig, dem flüssigen Teer ähnlich, größtenteils in Äther löslich. Ein Teil Öl gibt, mit 20 Teilen Wasser geschüttelt, ein Filtrat, das durch 15 Tropfen einer Mischung von 1 Teil Eisenchloridlösung und 1000 Teilen Wassers dauernd rot gefärbt wird.

Rußland VI 1910.

Oleum cadinum. Oleum Juniperi empyreumaticum.

Wird durch trockne Destillation des Wacholderbeerstrauches (Juniperus oxycedrus L.) gewonnen.

Dicke, dunkelbraune Flüssigkeit von eigenartigem, brenzlichem Geruch. Sie ist leichter als Wasser und löst sich in ihm sehr schwer auf. Sie löst sich teilweise in 90 Vol. % Alkohol, leicht in Äther, Chloroform, Schwefelkohlenstoff und Amylalkohol.

Schweiz IV 1907.

Kadeöl. Huile de cade. Olio cadino.

Das aus dem Holz von Juniperus oxycedrus L. durch trockne Destillation gewonnene Teeröl.

Kadeöl ist klar, braun, in dünner Schicht gelb. Die Konsistenz ist sirupähnlich. Sein spez. Gewicht bei 15° beträgt 0,990—1,05. Kadeöl gibt eine klare Lösung mit 3 oder mehr Teilen Äther, Amylalkohol oder Chloroform, eine trübe Mischung dagegen mit Petroläther oder mit Schwefelkohlenstoff. Wird das Öl mit 4 Teilen Wasser erwärmt und die Mischung nach dem Erkalten filtriert, so besitzt das blaßgelbe Filtrat den Geruch des Öles und saure Reaktion, reduziert ammoniakalische Silbernitratlösung bei gewöhnlicher Temperatur, Fehlingsche Lösung beim Erwärmen und färbt sich durch Eisenchloridlösung (1 : 1000) braunrot. 1 ccm des Filtrates, mit 1 Tropfen Kaliumbichromat versetzt, dunkelt allmählich etwas nach. Kadeöl hat einen eigentümlichen, empyreumatischen, zugleich wacholderartigen Geruch und einen brennend-aromatischen Geschmack.

Brea de Oxicedro. Pix liquida Oxycedri. Oleum Juniperi. Pix liquida Juniperi. Oleum cadoe.

Spanien
VII 1905.

Ein Produkt des Holzes der alten Stämme von Juniperus oxycedrus L., einer Conifera-Cupresácea, die auf der ganzen Halbinsel wächst; es wird erhalten durch trockne Destillation in besonderen Apparaten.

Sirupartige ölige Flüssigkeit, in Masse von glänzend schwarzer Farbe und in der Durchsicht rötlich; leicht entzündbar; Geruch stark harzig und besonders brenzlich, Geschmack sehr scharf, beinahe brennend.

Das Öl löst sich nicht in Wasser, aber dieses soll eine Bernsteinfarbe annehmen und einen schwachen Geruch ähnlich dem des Produktes. Es löst sich vollständig in Alkohol. Es darf nicht verwechselt werden mit dem öligen Produkt, welches sich bei der Herstellung des Fichtenteers abscheidet und von dem es sich durch seine Konsistenz und seinen eigenartigen Geruch unterscheidet.

Oleum Cajeputi.

Oil of Cajuput.

Amerika
VIII
1905.

Destillat aus den frischen Blättern und Zweigen von Melaleuca Leucadendron Linné, Fam. Myrtaceen.

Es soll sich ein Gehalt von mindestens 55 % (Vol. %) Cineol ergeben, wenn, wie unten angegeben, verfahren wird. Soll in gut verschlossenen, bernsteinfarbigen Flaschen an einem kühlen Platze aufbewahrt werden.

Farblose oder grünliche dünne Flüssigkeit mit angenehmem, deutlich kampferartigem Geruch und aromatischem, etwas bitterem Geschmack. Spez. Gew. bei 25^0 = 0,915—0,925. Mischbar in allen Verhältnissen mit Alkohol (95 Vol. ^{0}/o), soll sich in 1 Teil Alkohol (80 Vol. ^{0}/o) lösen. Die alkoholische Lösung soll neutral gegen Lackmuspapier sein.

Cajeputöl ist linksdrehend, der Drehungswinkel sollte nicht höher sein als — 2^0 im 100 mm Rohr bei 25^0.

Schüttelt man 5 ccm Öl mit 5 ccm Wasser, das 1 Tropfen verdünnter Salzsäure enthält, so soll keine rötlichbraune Farbe in der Säurelösung entstehen, sobald nach Abtrennen der Ölschicht ein Tropfen Kaliumferrocyanidlösung zugefügt wird (Abwesenheit von Kupfer).

Cineolprüfung: In ein Becherglas gebe man eine Lösung von 10 ccm Cajeputöl in 50 ccm gereinigtem Petrolbenzin, setze den Becher in Kältemischung und füge Phosphorsäure unter beständigem Umrühren tropfenweise hinzu, bis die weiße Masse von Cineolphosphat, die sich bildet, beginnt, eine gelbliche oder rötliche Farbe anzunehmen. Dann lege man die Masse auf starkes Filtrierpapier, wasche sie mit kaltem, reinem Petrolbenzin und trockne durch Pressen zwischen 2 porösen Platten. Nun bringe man den Niederschlag (Cineolphosphat) in einen engen graduierten Meßzylinder, setze warmes Wasser hinzu, das das Cineol ausscheidet. Das Volumen der abgeschiedenen öligen Flüssigkeit, multipliziert mit 10, stellt die Volumprozente an Cineol dar.

<table>
<tr><td>England
1898.</td><td><h2 style="text-align:center">Oil of Cajuput.</h2></td></tr>
</table>

Das Öl, destilliert aus den Blättern von Melaleuca Leucadendron L., Melaleuca Cajuputi Roxb. Bläulichgrün, mit angenehmem, durchdringendem, kampferartigem Geruch und aromatischem, bitterem, kampferartigem Geschmack. Spez. Gew. bei $15{,}5^0$ = 0,922—0,930. Wenn es mit einem Drittel oder der Hälfte seines Volumens Phosphorsäure (D_{15} = 1,175 Handelsware) geschüttelt wird, so wird das Öl halbfest. (Anwesenheit des nötigen Prozentgehaltes an Cineol.)

<table>
<tr><td>Japan III
1907.</td><td><h2 style="text-align:center">Oleum Cajeputi. Oil of Cajuput.</h2></td></tr>
</table>

Ein flüchtiges Öl, erhalten durch Destillation der Blätter von Melaleuca Leucadendron L: mit Wasser.

Farblose oder leicht gelbliche oder grünliche, neutrale, dünne
Flüssigkeit, mit charakteristischem, kampferartigem, durchdringendem
Geruch, klar mischbar in allen Verhältnissen mit Alkohol (90 Vol.%). Spez.
Gew. bei 15° = 0,910—0,930. Mischt man allmählich 5 ccm Cajeputöl
mit 1 g Jod bei + 50° C und kühlt ab, so wird es fest zu einer
Kristallmasse. Mischt man 1 ccm Cajeputöl mit 20 ccm Wasser und
schüttelt mit 1 Tropfen Essigsäure, so darf nach Zusatz von 1 Tropfen
Kaliumferrocyanidlösung keine Färbung entstehen.

Essenza di Cajeput.
Oleum volatile cajeputi.

Italien
III 1909.

Farblose Flüssigkeit (die durch eine Spur Kupfer grünlich gefärbt sein kann), wenig lichtbrechend, von kampferartigem Geruch
und Geschmack. Spez. Gewicht bei 15° = 0,920—0,930. In allen Verhältnissen in absolutem Alkohol und im gleichen Volumen von
90 Vol. % Alkohol löslich. Wenn man 1 ccm Öl mit 10 ccm verdünnter warmer Salzsäure schüttelt, so darf nach dem Absetzen der
wässerige Teil mit Ferrocyankaliumlösung keine rotbraune Farbe geben.
(Kupfer.)

Oleum Cajuputi. Kajoepoetiholie.

Nieder-
lande IV
1905.

Das ätherische Öl, welches in Niederländisch Indien, hauptsächlich
auf den Inseln Beroe und Cera durch Wasserdestillation aus den
frischen beblätterten Zweigen einer Baumart gewonnen wird, die
Melaleuca Leucadendron heißt.

Klare, blaugrüne, dünne Flüssigkeit von eigenem, aromatischem,
kampferartigem Geschmack. Spez. Gew. bei 15° = 0,920—0,930.
Zwischen 155° und 180° soll es destillieren. Jod soll sich ohne
heftige Reaktion in Cajeputöl lösen. Eine Mischung von 5 Teilen
Cajeputöl und 1 Teil gepulvertem Jod, auf 50° erwärmt und dann
abgekühlt, soll zu einer Kristallmasse erstarren. Schüttelt man
Cajeputöl mit verdünnter Essigsäure, so wird es gelb. In der mit
Wasser verdünnten saueren Lösung können Spuren von Kupfer nachgewiesen werden. Cajeputöl soll mit Alkohol (90 Vol. %) in allen Ver-
hältnissen eine klare Lösung geben. Gießt man einige Tropfen auf
Papier und läßt sie ohne Erwärmen verdunsten, so sollen sie einen
Fleck zurücklassen, der eine fettähnliche Farbe hat, aber weder bei
auffallendem noch bei durchgehendem Lichte durchscheinend ist.

Oleum Cajuputi.

Öster-
reich
VIII
1906.

Melaleuca Leucadendron, ein auf den Inseln Ostindiens wild wachsender Baum. Das durch Destillation der Blätter gewonnene Öl sei klar, grün, von eigenartigem, cineolähnlichem Geruch, an Kampfer erinnernd, aromatischem, ein wenig brennendem, dann kühlendem Geschmack. Spez. Gewicht bei $15^0 = 0,920 - 0,930$. In Alkohol (90 Vol. $^0\!/\!o$) soll es sich sehr leicht lösen.

Rußland
VI 1910

Oleum Cajuputi.   Oleum Cajeputi.

Wird durch Destillation der Blätter von Melaleuca Leucadendron L. und Melaleuca minor Smith (Myrtaceen) mit Wasser hergestellt.

Ölartige Flüssigkeit von hellgrüner oder gelblicher Farbe, mit eigenartigem Kampfergeruch und bitterlich würzigem Geschmack. Sie reagiert neutral. Spez. Gewicht bei $15^0 = 0,915 - 0,930$. Löslich in Alkohol, Äther, unlöslich in Schwefelkohlenstoff.

Beim Mischen einiger Tropfen des Öles mit pulverisiertem Jod darf keine Explosion entstehen. Beim Erwärmen der Mischung löst sich das Jod auf und beim Abkühlen erstarrt die Mischung zu einer Kristallmasse. Beim Schütteln von 20 Tropfen Cajeputöl mit 5 ccm Wasser und 10 Tropfen Salpetersäure und Zusatz einer reichlichen Menge von Salmiakgeist darf keine blaue Farbe entstehen.

Schweiz
IV 1907.

Cajeputöl.   Essence de cajeput.   Essenza di cajeput.

Das aus dem frischen Blatte von Melaleuca minor Smith durch Destillation mit Wasserdampf dargestellte und rektifizierte ätherische Öl.

Cajeputöl ist farblos oder schwach gelblich und von neutraler oder schwach saurer Reaktion. Sein spez. Gewicht beträgt 0,920 bis 0,930 bei 15^0. Es ist klar mischbar mit dem gleichen Volumen Weingeist von 80 Vol. $^0\!/\!o$. 3 Volumen Öl mischen sich klar mit 1 Volumen Schwefelkohlenstoff, durch weiteren Zusatz des letzteren tritt Trübung ein. In Weingeist von 95 Vol. $^0\!/\!o$ und in Essigsäure ist es in allen Verhältnissen löslich. Erwärmt man 5 Teile Cajeputöl auf 50^0 und fügt allmählich 1 Teil gepulvertes Jod hinzu, so verdicke sich die Mischung bei freiwilligem Abkühlen unter Abscheidung von Kristallen. Beim Schütteln mit dem gleichen Volumen Ätznatron darf sich das Volumen des Öles nicht verringern. (Phenole.)

Cajeputöl hat einen charakteristischen Geruch und einen aromatischen, anfangs brennenden, nachher kühlenden Geschmack. Optische Drehung bis $- 2^0\ 40'$ im 100 mm Rohre bei 15^0 C.

Esencia de Cayeput.

Spanien
VII 1905.

Das durch Destillation mit Wasser erhaltene Öl aus den Blättern von Melaleuca Leucadendron L. oder Melaleuca minor Smith, Myrtaceen von den Inseln des Indischen Archipels, hauptsächlich von den Molukken.

Sehr dünne Flüssigkeit, neutral, durchsichtig, farblos, grüngelblich oder smaragdgrün. Kräftiger angenehmer, an Terpentin und Kampfer erinnernder Geruch, Geschmack beißend und brennend. Das spez. Gewicht des Öles bei 15° schwankt zwischen 0,910 und 0,950. Optisch ist es inaktiv. Es löst sich sehr leicht in Alkohol und Essigsäure, aber nicht in Schwefelkohlenstoff. Mit Jod reagiert es kaum.

Oleum Calami.

Oleum Calami.　Kalmusöl.

Deutsch-
land V
1910.

Das ätherische Öl des Kalmus.

Kalmusöl ist dickflüssig, gelbbraun und optisch aktiv (α D 20° $+$ 9° bis $+$ 31°). Es riecht würzig, schmeckt bitter und löst sich in nahezu jedem Verhältnis in Weingeist (90—91 Vol. %).

Spezifisches Gewicht bei 15° $=$ 0,960—0,970.

Eine Mischung aus 1 g Kalmusöl und 1 g Weingeist wird durch 1 Tropfen Eisenchloridlösung rötlich bis dunkelbraun gefärbt.

Oleum Carvi.

Oleum Cari.　Oil of Caraway.

Amerika
VIII
1905.

Das flüchtige Öl aus dem Kümmel, rektifiziert durch Dampfdestillation. Soll in wohlverschlossenen, bernsteinfarbigen Flaschen an einem kühlen Orte vor Licht geschützt aufbewahrt werden.

Farbloses oder hellgelbes dünnes Öl und mit dem charakteristischen aromatischen Kümmelgeruch und beißendem Geschmack. Spez. Gewicht bei 25° $=$ 0,905—0,915. Löslich in gleichen Teilen 95 Vol. % Alkohol, in 3—10 Teilen 80 Vol. % Alkohol. Kümmelöl ist rechtsdrehend, der Drehungswinkel schwankt zwischen $+$ 70° und $+$ 80° im 100 mm Rohre bei einer Temperatur von 25°.

Oleum Carvi.　Kümmelöl.

Deutsch-
land V
1910.

Das ätherische Öl des Kümmels.

Kümmelöl ist eine farblose, mit der Zeit gelb werdende, optisch aktive (α D 20° $+$ 70° bis $+$ 80°) Flüssigkeit, die milde würzig riecht und schmeckt.

Spezifisches Gewicht bei $15^0 = 0,907$—$0,915$.

1 ccm Kümmelöl muß sich in 1 ccm Weingeist (90—91 Vol. %) lösen.

**England
1898.**

Oil of Caraway.

Das aus der Kümmelfrucht destillierte Öl.

Farblos oder hellgelb mit dem charakteristischen Geruch der Frucht und beißendem Geschmack. Spez. Gewicht bei $15,5^0$ C = 0,910—0,920.

**Schweiz
IV 1907.**

Kümmelöl. Essence de cumin. Essenza di comino.

Das aus der Frucht von Carum Carvi Linné durch Destillation mit Wasserdampf gewonnene ätherische Öl.

Kümmelöl ist dünnflüssig, farblos oder schwach gelblich, von neutraler Reaktion. Sein spez. Gewicht beträgt 0,905—0,915 bei 15^0 C.

Es ist löslich im gleichen Volumen Weingeist (90 Vol. %), ferner in 8 Volumen Weingeist von 80 Volumen %, und in 30 Volumen verdünntem Weingeist (68—69 Vol. %). Kümmelöl hat einen charakteristischen Geruch und einen gewürzhaften Geschmack. Drehungswinkel = $+$ 70 bis $+ 80^0$ im 100 mm Rohr bei $+ 15^0$ C.

Oleum Caryophyllorum.

**Amerika
VIII
1905.**

Oil of Cloves.

Flüchtiges Öl, destilliert aus den Nelken; soll, wenn, wie unten angegeben, verfahren wird, einen Gehalt von 80 Volumen % Eugenol aufweisen. Soll in wohlverschlossenen, bernsteinfarbigen Flaschen vor Licht geschützt an einem kühlen Platze aufbewahrt werden.

Farblose oder hellgelbe dünne Flüssigkeit, die bei längerem Stehen an der Luft und durch Alter dicker und dunkler wird. Geruch stark aromatisch nach Nelken, Geschmack beißend und würzig. Spez. Gewicht bei 25^0 = 1,040—1,060. Löslich in gleichen Teilen Alkohol (95 Vol. %). Diese Lösung soll Lackmuspapier schwach röten. Ebenfalls in 2 Volumen 70 Vol. % Alkohol löslich.

Mit gleicher Menge konzentrierter Kaliumhydroxydlösung geschüttelt oder mit stärkerem Ammoniakwasser bildet es eine halbfeste gelbliche Masse. Löst man 2 Tropfen des Öles in 4 ccm Alkohol

(94,9 Vol. %) auf und fügt einen Tropfen Eisenchlorid hinzu, so soll eine glänzend grüne Farbe entstehen. Macht man dieselbe Probe mit 1 Tropfen von verdünnter Eisenchloridlösung, hergestellt durch Verdünnung der Reagenzlösung mit dem Vierfachen ihres Volumens an Wasser, so entsteht eine blaue, bald gelb werdende Farbe. 1 ccm Nelkenöl, geschüttelt mit 20 ccm heißen Wassers, soll dem Wasser eine kaum wahrnehmbare sauere Reaktion gegen Lackmuspapier geben. Nach dem Abkühlen soll die wässerige Schicht durch ein feuchtes Filter filtriert werden und das klare Filtrat soll nach Hinzufügen von 1 Tropfen Eisenchlorid nur eine vorübergehend graugrüne, aber keine blaue oder violette Farbe zeigen. (Abwesenheit von Phenol.)

Eugenolprobe: In einen Kolben mit langem Hals, der in $^1/_{10}$ ccm eingeteilt ist, bringt man 10 ccm Nelkenöl und 100 ccm Kaliumhydroxydlösung und schüttelt 5 Minuten lang durch. Haben die Lösungen sich vollständig getrennt, so füge man genügend Kaliumhydroxydlösung hinzu, um die untere Grenze der Ölschicht auf den Nullpunkt der Skala zu bringen und notiere das Volumen der übrig bleibenden Flüssigkeit, welches nicht mehr als 2 ccm betragen darf, woraus sich die Anwesenheit von mindestens 80 % Eugenol ergibt.

Däne-
mark VII
1907.

Aetheroleum Caryophylli. Nellikeolie.
Eugenia caryophyllata Thunberg. — Myrtaceae.

Das ätherische Öl aus Gewürznelken.

Dieses ist in frischem Zustande lichtgelb und stark lichtbrechend, später von dunklerer bis bräunlicher Farbe. Geruch aromatisch, Geschmack brennend.

Spez. Gewicht bei 15° = 1,045—1,070. Löslich klar in 2 Teilen verdünntem Weingeist (68—70 Vol. %).

Deutsch-
land V
1910.

Oleum Caryophyllorum. — Nelkenöl.

Das ätherische Öl der Gewürznelken.

Nelkenöl ist eine fast farblose oder gelbliche, an der Luft sich bräunende, stark lichtbrechende, optisch aktive ($\alpha D^{20°}$ bis — 1,25°) Flüssigkeit, die würzig riecht und brennend schmeckt.

Spezifisches Gewicht bei 15° = 1,044—1,070.

1 ccm Nelkenöl muß sich in etwa 2 ccm verdünntem Weingeist (68—69 Vol. %) lösen.

**England
1898.**

Oil of Cloves.

Das aus Nelken destillierte Öl. Frisch farblos oder hellgelb, allmählich rötlichbraun werdend mit dem strengen Geruch und Geschmack der Nelken. Spez. Gewicht bei $+ 15,5^0 =$ mindestens 1,050. Seine alkoholische Lösung soll mit Eisenchloridlösung eine blaue Farbe geben. Geschüttelt mit seinem eigenen Volumen starken Ammoniumhydroxyds bildet es eine halbfeste gelbliche Masse.

**Frank-
reich
1908.**

Essence di Girofle. Oleum Caryophyllorum.

Das durch Destillation der Nelkennägel mit Wasser erhaltene ätherische Öl. Es enthält 70—85 % Eugenol. Nelkenöl ist eine klare, gelbe, mit der Zeit dunkler werdende Flüssigkeit. Spez. Gewicht bei $15^0 = 1,055—1,068$. In gleichen Teilen Alkohol 95 % und in 2 Teilen 70 Vol. % Alkohol ist es löslich. Schwach linksdrehend. Man löst 2 Tropfen Nelkenöl in 5 ccm 90 % Alkohol und setzt dann 1 Tropfen Eisenchloridlösung hinzu. Die Flüssigkeit soll sich smaragdgrün färben. Beim Schütteln gleicher Volumina von Nelkenöl und Salmiakgeist (spez. Gewicht $= 0,925$) soll eine halbfeste gelbliche Kristallmasse entstehen. Schüttelt man 5 Tropfen Nelkenöl mit 10 ccm warmen Wassers stark durch, so soll ein flockiger gelblicher Niederschlag entstehen, der sich zum Teil an den Wandungen des Glases ansetzt. Man schüttelt 1 ccm Nelkenöl mit 20 ccm destillierten Wassers, filtriert durch ein feuchtes Filter und versetzt das Filtrat mit 1 Tropfen Eisenchloridlösung. Die Flüssigkeit soll eine graugrünliche, aber keine blaue oder violette Farbe annehmen. (Phenole.)

Zu einer Mischung von 4 ccm Alkohol (95 Vol. %) und 2 ccm Wasser setzt man 3 ccm Nelkenöl. Es muß eine vollkommen klare Lösung entstehen (Petroleum und Terpentinöl). In einen Kolben, ähnlich dem zur Zimtaldehydbestimmung, bringt man nacheinander 10 ccm Nelkenöl und 100 ccm 5 % wässerige Kalilauge, rührt die Mischung 5 Minuten lang durch und läßt absetzen. Ist die Trennung der Flüssigkeiten eine völlige, so setzt man soviel 5 % Kalilauge hinzu, daß die Oberfläche der Trennungsschicht genau den Nullpunkt der Skala berührt. Das Volumen der überstehenden Flüssigkeit darf nicht über 2 ccm hinausgehen, das zeigt für das untersuchte Öl einen Eugenolgehalt von 80 Vol. % an.

**Japan III
1907.**

Oleum Caryophyllorum. Oil of Cloves.

Ein flüchtiges Öl, erhalten durch Destillation der Nelken mit Wasser. Klare, farblose oder gelbliche, etwas dicke Flüssigkeit von charakteristischem Geruch, allmählich an der Luft dunkler werdend, schwer löslich in Wasser, leicht in Alkohol, Äther und Eisessigsäure. Spez. Gewicht bei 15° = 1,060—1,074. Schüttelt man 5 Tropfen des Öles mit 10 ccm Kalkwasser, so trennt sich die Mischung in eine weiche flockige Kristallmasse und eine gelbe Flüssigkeit. Löst man 2 Tropfen des Öles in 4 ccm Alkohol (90 Vol. %) und fügt 1 Tropfen Eisenchloridlösung hinzu, so soll eine grüne Farbe entstehen. Schüttelt man 1 g Öl mit 20 ccm heißen Wassers und filtriert nach dem Abkühlen, so zeigt das klare Filtrat neutrale Reaktion und darf mit 1 Tropfen Eisenchloridlösung nur eine graugrüne, keine blaue Farbe annehmen. Schüttelt man 1 ccm Öl mit 5 ccm verdünnter Essigsäure und filtriert, so darf das Filtrat durch Schwefelwasserstoffwasser nur ganz gering gefärbt werden. Mischt man einen Teil des Öles mit 2 Teilen verdünntem Alkohol (68—69 Vol. %), so soll eine klare Lösung entstehen. Mischt man 1 Teil Öl mit einer Lösung von 1 g Natriumsalicylat in 1 ccm Wasser, so entsteht eine klare Lösung. Fügt man 1 Tropfen Nelkenöl zu 5 ccm Salpetersäure (spez. Gewicht = 1,400), so darf keine oder höchstens eine vorübergehende Rotfärbung entstehen.

Essenza di Garofani.
Oleum volatile caryophyllorum.

Italien
III 1909.

Gelbliche Flüssigkeit, die an der Luft nach und nach braun wird. Durchdringender Geruch nach Nelken, Geschmack scharf und brennend. In allen Verhältnissen in absolutem Alkohol und in 2 Teilen 70 Vol. % Alkohol löslich. Spez. Gewicht bei 15° = 1,045—1,070. 4 Tropfen Öl geben mit 4 Tropfen konzentrierter alkoholischer Kalilauge eine feste Kristallmasse. 1 Tropfen Öl, gelöst in 2 ccm Alkohol (90 Vol. %), gibt mit Eisenchloridlösung eine blaugrüne Farbe.

Wird ½ ccm Nelkenöl mit 10 ccm warmen Wassers geschüttelt, erkalten gelassen und filtriert, so darf es nur schwach sauer reagieren und darf mit Eisenchloridlösung nicht blau werden. (Phenol.)

Rührt man 10 ccm Nelkenöl auf dem Wasserbade 10—15 Minuten lang mit 40—50 ccm einer 5 % wässerigen Kaliumhydroxydlösung, so dürfen nicht mehr als 1,5 ccm eines oben schwimmenden öligen Rückstandes zurückbleiben (85 % Eugenol).

Oleum Caryophyllorum. Kruidnagelolie.

Niederlande IV
1905.

Das durch Wasserdampfdestillation aus den Nelken gewonnene flüchtige Öl. Frisch farblose, später durch die Luft gelbliche oder zuletzt rotbraune Flüssigkeit. Geschmack scharf aromatisch. Spez. Gewicht bei 15° mindestens 1,050. Die alkoholische Lösung 1 : 20 (in 90 Vol. %) Alkohol) soll durch Eisenchloridlösung blau werden. Nelkenöl soll, mit gleichem Volumen Natriumhydroxydlösung geschüttelt, eine gelbliche weiche Kristallmasse bilden. Es soll sich in allen Verhältnissen mit Alkohol (90 Vol. %) klar und mit 2 Volumen 70 % Alkohols lösen.

Rußland VI 1910.

Oleum Caryophyllorum.

Dargestellt durch Destillation der Nelken.

Dicke, durchsichtige, bräunliche Flüssigkeit. Spez. Gewicht bei 15° = 1,045—1,070. Geruch stark aromatisch, Geschmack brennend. Nelkenöl löst sich leicht in Alkohol 90 %, siedet bei 250°—260° C, bei — 25° erstarrt es noch nicht. Es reagiert stark auf Salpetersäure, wobei die Reaktion sich durch Selbstentzündung äußert. Durch Bromdampf wird es blau gefärbt. Beim Schütteln von 5 Tropfen Nelkenöl mit 10 ccm Kalkwasser entsteht ein flockiger Niederschlag, der sich am Rande des Gefäßes ansetzt. Die Lösung von 2 Tropfen Nelkenöl in 4 ccm Alkohol nimmt beim Zusatz von 1 Tropfen Eisenchloridlösung eine grüne Färbung an. Beim Schütteln von 1 Tropfen einer Lösung von wasserfreiem Eisenchlorid 1 : 20 in Wasser mit einer Lösung des Öles in Alkohol 1 : 50 entsteht eine blaue Farbe, die sehr bald in Grün und nachher in Gelb übergeht. Schüttelt man 1 Tropfen Nelkenöl mit 20 ccm siedenden Wassers, so darf dasselbe blaues Lackmuspapier nur ganz wenig rötlich färben. Ein Filtrat der wässerigen Schicht darf durch Zusatz von 1 Tropfen Eisenchloridlösung nicht blau gefärbt werden. 1 ccm Nelkenöl muß sich in 2 ccm Alkohol 70 % klar lösen.

Schweiz IV 1907.

Nelkenöl. Essence de girofle. Essenza di garofano.

Das aus der Blütenknospe von Jambosa Caryophyllus (Sprengel) Niedenzu (Caryophyllus aromaticus L.) durch Destillation mit Wasserdampf gewonnene ätherische Öl.

Nelkenöl ist gelblich bis schwach bräunlich, stark lichtbrechend. Es reagiert neutral oder schwach sauer. Sein spez. Gewicht beträgt bei 15° C = 1,040—1,070. Mit Weingeist, mit Essigsäure und mit Äther ist es in jedem Verhältnis klar mischbar.

Nelkenöl ist in 2 Volumen verdünntem Weingeist (68—69 Vol. %) löslich und gibt mit Schwefelkohlenstoff, Chloroform oder Benzin trübe Mischungen. Wird Schwefelsäure mit einer Lösung von Nelkenöl in Weingeist überschichtet, so färbt sie sich orangegelb, dann kirschrot. Versetzt man eine Mischung aus gleichen Teilen Öl und Weingeist mit 1 Tropfen Eisenchlorid, so tritt eine Blaufärbung ein, die später in grün übergeht. 5 Tropfen Nelkenöl mit 5 ccm Kalkwasser geschüttelt, geben eine flockige, an der Glaswand anhaftende Ausscheidung unter gleichzeitiger Gelbfärbung der wässerigen Flüssigkeit. Läßt man einige Tropfen Nelkenöl sich an der Innenwand eines Reagenzglases ausbreiten und hierauf Bromdampf einströmen, so entsteht eine weißliche, allmählich gelb bis rötlich werdende Färbung. Wird ein Teil Nelkenöl mit 100 Teilen heißen Wassers geschüttelt, so darf das nach dem Erkalten erhaltene klare Filtrat nur schwach sauer reagieren und nach Zusatz von 1—3 Tropfen Eisenchlorid nur grünlichgrau, nicht blaugrau gefärbt erscheinen. Werden 10 ccm Öl mit 40 ccm einer 5% Kalilauge in einem lose verschlossenen Glaskölbchen 10—15 Minuten im Dampfbade unter öfterem Umschütteln erwärmt, so soll der sich oben abscheidende Ölrest nicht mehr als 1,5 ccm betragen, entsprechend einem Minimalgehalt von 85% Eugenol im Nelkenöl. Nelkenöl hat einen charakteristischen Geruch und einen brennend aromatischen Geschmack. Seine optische Drehung beträgt bis — 1^0 10' im 100 mm Rohr bei 15^0.

Esencia de Clavo.

Spanien VII 1905

Das durch Destillation mit Wasser erhaltene Öl der Gewürznelken. Frisch farblose, mit der Zeit gelbe, rötliche oder braune Flüssigkeit. Geruch stark, Geschmack beißend und pikant. Es ist spezifisch schwerer als Wasser (spez. Gewicht bei 15^0 = 1,040 bis 1,060). Reaktion sauer. Dreht die Polarisationsebene nach links. Reagiert nicht mit Jod, wohl aber mit Salpetersäure mit großer Heftigkeit und zwar mit konzentrierter bis zur Entzündung. Fügt man zum Nelkenöl 1 Tropfen Eisenchloridlösung, so darf keine blaue Färbung entstehen.

Oleum Cinnamomi Cassiae.

Oil of Cinnamon.   Oil of Cassia.

Amerika VIII 1905.

Das flüchtige Öl, destilliert aus Cassia Cinnamomum, Lauraceen. Ergibt, wenn nach untenstehendem Prozeß verfahren wird, einen Gehalt von nicht weniger als 75 Vol. % Zimtaldehyd. Soll in gut

verschlossenen bernsteinfarbigen Flaschen kühl und vor Licht geschützt aufbewahrt werden.

Gelbliche oder bräunliche Flüssigkeit, die durch Alter und an der
Luft dicker und dunkler wird. Geruch charakteristisch nach Zimt,
Geschmack süß, brennend und beißend. Spez. Gewicht bei 25^0 =
1,045—1,055. Das Öl (oder, wenn es zu dunkel sein sollte, sein
Destillat) soll optisch fast inaktiv sein, darf nur $\pm 1^0$ drehen im
100 mm Rohr bei $+ 25^0$. Löslich in 2 Teilen 70 Vol. $^0/_0$ Alkohol.
Mit einer gesättigten Lösung von Natriumbisulfit geschüttelt, wird es
fest zu einer Kristallmasse. 4 Tropfen des Öles, abgekühlt auf 0^0,
dann mit 4 Tropfen rauchender Salpetersäure in einem Reagenzglase geschüttelt, ergeben kristallinische Blättchen oder Nadeln.
Schüttelt man einen Teil des Öles mit Schwefelwasserstoffwasser, so
darf keine dunkle Farbe entstehen. (Abwesenheit von Blei und
Kupfer.) Mischt man 1 ccm Zimtöl mit 3 ccm einer Mischung aus
3 Volumen Alkohol 94,9 $^0/_0$ und 1 Volumen Wasser, so soll sich
eine klare Lösung ergeben. Fügt man zu dieser Lösung allmählich
2 ccm einer gesättigten Lösung von Bleiacetat in einer Mischung von
3 ccm Alkohol 94,9 $^0/_0$ und 1 ccm Wasser, so darf kein Niederschlag
entstehen. (Abwesenheit von Petroleum und Colophonium.)

Probe auf Zimtaldehyd: In einen Kolben mit langem, graduiertem
Halse (Cassiakölbchen) fülle man mit einer Meßpipette 10 ccm Zimtöl, füge 10 ccm 30 $^0/_0$ Natriumbisulfitlösung hinzu, schüttele den
Kolben und erwärme im kochenden Wasserbade, bis der Inhalt verflüssigt ist. Nach und nach füge man je 10 ccm Natriumbisulfitlösung
zu, schüttele und erwärme nach jedem Zusatz, bis der Kolben $^3/_4$ voll
ist, erwärme dann solange, bis der Geruch nach Zimtaldehyd nicht
mehr wahrnehmbar ist. Nun kühle man auf 25^0 ab und setze soviel
Bisulfitlösung hinzu, um die untere Grenze der Ölschicht auf die
0-Marke der Skala zu bringen. Die Ölschicht darf höchstens 2,5 ccm
messen, was einem Gehalt von mindestens 75 Vol. $^0/_0$ an Zimtaldehyd
entspricht.

Belgien
III 1906.

Essence de canelle.

Das durch Destillation der Blätter und Stengel von Cassia
Cinnamomum Blume erhaltene Öl.

Gelbe bis bräunliche Flüssigkeit von eigenartigem Geruch und
erst süßem, dann brennendem Geschmack. Löslich in 1—2 Teilen
80 Vol. $^0/_0$ Alkohol. Spez. Gewicht bei 15^0 = 1,055—1,070. Wenn
man gleiche Teile Zimtöl und rauchende Salpetersäure mischt und
unterhalb von 5^0 abkühlen läßt, so scheidet sich eine weiße Kristall-

masse aus. Wenn man zu einer Lösung von 0,2 g Zimtöl in 10 g Alkohol 96 % einen Tropfen Eisenchloridlösung zusetzt, soll eine braune Farbe entstehen und keine blaue oder grüne Farbe sichtbar werden. Eine Mischung von 10 ccm Zimtöl mit 90 ccm Natriumbisulfitlösung, 2 Stunden im Wasserbade unter häufigem Umrühren erwärmt, soll auf der Oberfläche, nachdem die Flüssigkeit zur Ruhe gekommen ist, nicht mehr als 3 ccm ausscheiden. Nach dem Verdampfen im Wasserbade soll Zimtöl höchstens 8 % Rückstand geben.

Man darf auch Zimtaldehyd abgeben und das Öl aus dem Zeylon-Zimt, erhalten aus Cinnamomum Ceylanicum Breyne.

Oleum Cinnamomi. Oil of Cassia.

Japan III 1907.

Ein flüchtiges Öl, erhalten durch Destillation der Cassiarinde mit Wasser. Klare, bräunliche oder gelbe, etwas dicke Flüssigkeit mit charakteristischem Geruch und brennendem, etwas süßem Geschmack und von gering saurerer Reaktion. Löslich in 3 Teilen verdünntem Alkohol (68—69 Vol. %) und klar mischbar in allen Verhältnissen mit Alkohol 90 %. Spez. Gewicht bei 15^0 = 1,055—1,070. Cassiaöl enthält über 70 Vol. % reinen Zimtaldehyd. Schüttelt man 4 Tropfen Zimtöl mit 4 Tropfen roher Salpetersäure, so entsteht bei einer Temperatur von nicht über 5^0 C eine weiße Kristallmasse. Eine Lösung von 4 Tropfen Zimtöl in 10 ccm Alkohol 90 % soll durch Zusatz einiger Tropfen Eisenchloridlösung nur eine braune, keine grüne oder blaue Färbung annehmen. Eine Lösung von 1 Teil Öl in 3--4 Teilen verdünntem Alkohol (68—69 %) darf nach Mischung mit der Hälfte ihres Volumens frisch bereiteter gesättigter Bleiacetatlösung in verdünntem Alkohol keinen Niederschlag bei gewöhnlicher Temperatur ergeben. Mischt man 5 ccm Zimtöl mit 45 ccm Natriumbisulfitlösung und erwärmt unter gelegentlichem Schütteln 2 Stunden lang auf dem Wasserbade, so darf nicht mehr als 1,5 ccm einer unlöslichen Substanz zurückbleiben. Verdampft man nun bis zur Trockne auf dem Wasserbade, so sollen höchstens 8 % Rest bleiben. Wenn man 1 ccm Öl mit 5 ccm verdünnter (6 %) Essigsäure schüttelt, so darf das Filtrat nach Zusatz von 5 ccm Alkohol innerhalb 3 Stunden keinen Niederschlag durch Einleiten von Schwefelwasserstoff erzeugen.

Essenza di Cannella.
Oleum volatile cinnamomi.

Italien III 1909.

Frisch bereitet, farbloses oder hellgelbes Öl; mit der Zeit färbt es sich gelb und dunkelbraun. Riecht stark nach Zimt und hat süßen,

aromatischen Geschmack. Stark lichtbrechend, reagiert schwach sauer.
In allen Verhältnissen in absolutem Alkohol und in 3 Teilen 70%
Alkohol löslich. Spez. Gewicht bei $15^0 = 1{,}024—1{,}040$; chinesisches
Zimtöl hat ein spez. Gewicht von $1{,}055—1{,}065$ bei 15^0. 4 Tropfen Öl
geben, abgekühlt auf 0^0 und mit 4 Tropfen rauchender Salpetersäure
geschüttelt, eine Kristallmasse. 4 Tropfen Öl, gelöst in 10 ccm Alkohol
$90^0{}_0$, geben mit Eisenchloridlösung eine rotbraune Flüssigkeit. Grün-
oder Blaufärbung zeigt Nelkenöl an.

Man erwärmt 10 ccm Zimtöl mit 90 ccm 30% Natriumbisulfitlösung auf dem Wasserbade unter beständigem Schütteln. Nach dem
Erkalten und Stehenlassen darf die oben schwimmende Schicht nicht
mehr als 3 ccm betragen und zeigt so einen Gehalt von nicht weniger
als 70% Zimtaldehyd an.

Schweiz
IV 1907. ## Zimtöl. Essence de canelle. Essenza di canella

Das durch Destillation mit Wasserdampf aus den jungen beblätterten Zweigen von Cinnamomum Cassia (Nees) Blume gewonnene und rektifizierte ätherische Öl.

Zimtöl ist von gelber bis hellbrauner Farbe und schwach sauerer
Reaktion. Sein spez. Gew. beträgt $1{,}053—1{,}065$.

Mit Weingeist von 95 Vol. % ist es in jedem Verhältnis mischbar; mit dem gleichen Volumen Weingeist von 80 Vol. % entsteht
eine klare Lösung, durch weiteren Zusatz jedoch eine opalisierende
Trübung; von verdünntem Weingeist ($68—69$ Vol. %) sind $2—3$ Volumen
zur klaren Lösung erforderlich. Beim Mischen von 5 Tropfen Zimtöl mit gleichviel rauchender Salpetersäure unter guter Kühlung entsteht ein kristallinischer Brei. Eine Lösung von 4 Tropfen Öl in
10 ccm Weingeist soll durch 1 Tropfen Eisenchlorid braune, aber
nicht grüne oder blaue Färbung annehmen. Beim Erwärmen des
Öles im Dampfbade sollen nicht mehr als 8% eines Rückstandes
hinterbleiben, welcher breiartige, nicht spröde oder feste Konsistenz
zeigt. Werden 10 Tropfen Zimtöl in 30 Tropfen verdünntem Weingeist gelöst und mit 5 Tropfen einer bei 15^0 frischgesättigten Lösung
von Bleiacetat in verdünntem Weingeist versetzt, so darf kein Niederschlag entstehen. Schüttelt man 5 Tropfen Zimtöl mit 20 ccm Wasser,
so soll das Filtrat weder durch Bleiessig gelb gefärbt noch durch
Schwefelwasserstoff gefällt werden. Beim Schütteln des Öles mit der
3 fachen Menge Kalilauge darf die Mischung nicht erstarren. Werden
gleiche Volumen Petroläther und Zimtöl im graduierten Reagenzglas

bei 15⁰ geschüttelt, so soll nach der Trennung der Schichten das Volumen des ersteren nicht vermehrt sein.

10 g Zimtöl werden in ein Erlenmeyerkölbchen von 150 ccm Inhalt eingewogen und mit 20 ccm Natriumbisulfit versetzt. Man erwärmt unter beständigem Umschwenken auf dem Dampfbad und setzt, nachdem die anfänglich gebildete gelbe Masse sich gelöst hat, nach und nach noch 40 ccm Natriumbisulfit hinzu, nach jedem Zusatz unter Umschwenken solange erwärmend, bis die neue Ausscheidung sich gelöst hat. Dann läßt man erkalten, bringt die Flüssigkeit in einen Scheidetrichter und spült den Kolben zweimal mit je 10 ccm Äther aus. Den Äther bringt man ebenfalls in den Scheidetrichter, gibt noch 10 ccm Äther dazu und schüttelt kräftig durch. Nach der Trennung der Schichten läßt man die wässerige Schicht ab, gießt die ätherische Lösung durch die obere Öffnung des Scheidetrichters in ein tariertes Erlenmeyerkölbchen von 150 ccm Inhalt, wiederholt das Ausschütteln mit 20 ccm Äther, verdampft die vereinigten ätherischen Lösungen, trocknet den Rückstand bei 95⁰ bis 100⁰ und wägt. Sein Gewicht betrage höchstens 2,5 g, was einem Minimalgehalt von 75⁰/o Zimtaldehyd im Zimtöl entspricht.

Zimtöl hat einen charakteristischen Geruch und einen erst süßen, nachher brennend-scharfen Geschmack. Seine Drehung beträgt $\pm$ 0 bis $\pm$ 1⁰ im 100 mm Rohr bei 15⁰.

Oleum Cedro.

Essenza di Cedro. Oleum volatile citri medicae.

Italien
III 1909.

Leichtbewegliche, gelbgrünliche Flüssigkeit, die durch Destillation entfärbt werden kann.

Geruch nach Citronatcitrone, Geschmack brennend. Sehr wenig löslich in Wasser, ca. 1 : 5 in 90 Vol. ⁰/o Alkohol, in absolutem Alkohol in jedem Verhältnis löslich. Ihr spez. Gew. beträgt bei 15⁰ = 0,857—0,860.

Esencia de Cidra.

Spanien
VII1905.

Das ätherische Öl aus dem Epicarp der Citonatcitrone, erhalten durch Auspressen oder durch Destillation.

Farblose oder gelbe Flüssigkeit, rechtsdrehend; spez. Gew. bei 15⁰ = 0,852—0,856. Löslich in allen Verhältnissen in Schwefelkohlenstoff und 95 % Alkohol. Mit schwächerem Alkohol entsteht eine trübe Flüssigkeit.

Oleum Chamomillae romanae.

**Belgien
III 1906.**

Essence de Camomille.

Das durch Destillation der Blüten von Anthemis nobilis L. erhaltene ätherische Öl.

Eine blaue Flüssigkeit, die allmählich in die grüne, dann gelbbraune Farbe übergeht, dickflüssig, von brennendem Geschmack und starkem Geruch. Löslich in 2 Teilen 80 Vol.-% Alkohol. Spez. Gew. bei $15^0 = 0,905—0,915$. Die Verseifungszahl schwankt zwischen 250 und 300.

**England
1898.**

Oleum Anthemidis.   Oil of Chamomile.

Hellblau oder grünlichblau, wenn frisch destilliert, später gelblichbraun werdend.

Soll den aromatischen Geruch und Geschmack der Blüten haben. Spez. Gew. bei $15,5^0 = 0,905—0,915$.

Oleum Chamomillae vulgaris.

**Italien
III 1909.** Essenza di Camomilla comune.   Essenza di matricaria.
Oleum volatile chamomillae communis.

Blaue Flüssigkeit, Geruch nach Kamillen, Geschmack bitterlich, brennend. Spez. Gew. bei $15^0 = 0,930—0,945$. Römisches Kamillenöl hat ein spez. Gewicht von $0,905—0,915$ bei 15^0. Löslich in 8 Teilen 90 Vol.-% Alkohol zu einer meist opalisierenden Flüssigkeit. Abgekühlt auf 0^0, wird es klebrig, ohne zu erstarren. An der Luft wird es braun, ebenso beim Zusatz einer alkoholischen kaustischen Sodalösung.

**Schweiz
IV 1907.** Ätherisches Kamillenöl.   Essence de camomille.   Essenza di camomilla.

Das durch Destillation mit Wasserdampf aus den Blütenkörbchen von Matricaria Chamomilla L. gewonnene ätherische Öl.

Ätherisches Kamillenöl reagiert neutral und ist tief dunkelblau, die Farbe ist noch bemerkbar, wenn man die weingeistige Lösung auf 1 : 1000 verdünnt. Bei gewöhnlicher Temperatur etwas dickflüssig, nimmt das Öl bei 0⁰ unter Paraffinabscheidung Butterkonsistenz an. Sein spez. Gew. beträgt 0,930—0,940 bei 15⁰ C. Ätherisches Kamillenöl ist in 10 Teilen Weingeist von 95 Vol. % und in ca. 100 Teilen verdünntem Weingeist (68—69 Vol. %) löslich.

Ätherisches Kamillenöl hat einen charakteristischen Geruch und einen etwas bitteren, aromatischen Geschmack.

Oleum Chenopodii.

Oleum Chenopodii. Oil of Chenopodium.

Amerika VIII 1905.

Das flüchtige Öl, destilliert aus Chenopodium anthelminticum L. Chenopodiaceen.

Es soll in wohlverschlossenen, bernsteinfarbigen Flaschen an einem kühlen Orte vor Licht geschützt aufbewahrt werden.

Dünne, farblose oder gelbe Flüssigkeit von eigenartigem, durchdringendem, etwas kampferartigem Geruch, und beißendem, etwas bitterem Geschmack. Spez. Gew. bei 25⁰ = 0,965—0,985.

Löslich 1 : 5 in 70 Vol. % Alkohol. Sein Drehungswinkel beträgt nicht mehr als — 5⁰ im 100 mm Rohr bei 25⁰.

Oleum Cinnamomi Ceylanici.

Oleum Cinnamomi. — Zimtöl.

Deutschland V 1910.

Gehalt 66—76% Zimtaldehyd.

Das ätherische Öl des Ceylon-Zimts.

Zimtöl ist eine hellgelbe, optisch aktive (αD²⁰⁰ bis — 1⁰) Flüssigkeit, die würzig riecht und würzig süß und zugleich brennend schmeckt.

Zimtöl löst sich in 3 Raumteilen verdünntem Weingeist (68—69 Vol. %).

Spezifisches Gewicht bei 15⁰ = 1,023—1,040.

Gehaltsbestimmung. 5 ccm Zimtöl werden mit 5 ccm Natriumbisulfitlösung versetzt und im Wasserbad unter häufigem Umschütteln erwärmt, bis die zunächst entstehende Ausscheidung wieder gelöst ist. Darauf fügt man allmählich weitere Mengen von Natriumbisulfitlösung hinzu und verfährt jedesmal in der beschriebenen

Weise, bis die Gesamtmenge der Flüssigkeit 50 ccm beträgt, worauf man noch so lange erwärmt, bis alle festen Anteile gelöst sind und das oben aufschwimmende Öl vollkommen klar ist. Die Menge dieses Öles darf nicht mehr als 1,7 ccm und nicht weniger als 1,2 ccm betragen.

England
1898.

Oil of Cinnamom.

Das Öl, destilliert aus der Ceylon-Zimtrinde.

Wenn frisch destilliert gelbes, später rötliches Öl, Geruch und Geschmack der Rinde. Spez. Gew. bei $15,5^0 = 1,025 — 1,035$. 1 ccm Öl, aufgelöst in 5 ccm Alkohol (90 Vol. $^0/o$), soll nach Zusatz einer Lösung von Eisenchlorid eine hellgrüne, aber keine blaue Farbe geben. (Abwesenheit von Zimtblätteröl.) Schüttelt man 10 ccm Zimtöl mit 50 ccm einer siedenden $30^0/o$ Lösung von Natriumbisulfit, so scheidet sich eine Ölschicht aus, die nach dem Abkühlen auf $15,5^0$ nicht mehr als 5 ccm messen darf. (Abwesenheit von mehr als $50^0{}_0$ von anderen Bestandteilen als Aldehyd.)

Frank-
reich
1908.

Essence de Cannelle de Ceylon. Oleum Cinnamomi aethereum.

Das ätherische Öl aus der Rinde des Ceylon-Zimtes, durch Destillation mit Wasser erhalten. Es enthält $65 — 75^0/o$ Zimtaldehyd.

Zimtöl ist eine klare Flüssigkeit von hellgelber Farbe, spez. Gew. bei $15^0 = 1,024 — 1,040$. In allen Verhältnissen in 90 Vol.-$^0/o$ Alkohol löslich; schwach linksdrehend. Reagiert schwach sauer.

Man gießt 4 Tropfen Zimtöl in ein Reagenzglas und kühlt bis 0^0 ab, setzt dann unter Umschütteln 4 Tropfen offizinelle Salpetersäure (acid. nitric. pur. spez. Gew. bei $15^0 = 1,394$) hinzu und erhält eine deutlich weiße Kristallmasse.

Zur Bestimmung des Zimtaldehydgehaltes braucht man einen Glaskolben von 150 ccm Füllinhalt, dessen Hals 8 mm Durchmesser und 15 cm Länge hat und in $^1/_{10}$ ccm eingeteilt ist. Der Nullpunkt der Skala muß ein wenig oberhalb der Verengung liegen. In diesen Kolben bringt man 10 ccm Zimtöl und ein gleiches Volumen $30^0{}_0$ Natriumbisulfitlösung. Man schüttelt das Ganze durch und läßt es auf dem Wasserbade kochen, bis der Inhalt des Kolbens flüssig geworden ist. Nun setzt man in Mengen von je 10 ccm Natriumbisulfitlösung unter Umschütteln und Erhitzen nach jedem Zusatz solange zu, bis der Kolben $^3/_4$ voll ist. Man setzt das Erhitzen weiter fort, bis der Zimtgeruch verschwunden ist, läßt auf 15⁰ abkühlen und setzt genügend Bisulfitlösung hinzu, bis die Oberfläche der Trennungsschicht der beiden Flüssigkeiten den Nullpunkt der Skala genau berührt. Das durch die oben schwimmende Flüssigkeit eingenommene Volumen darf nicht über 3,5 ccm und nicht unter 2,5 ccm sich befinden. Dies zeigt an, daß der Prozentgehalt an Zimtaldehyd nicht unter 65 und nicht über 75 % beträgt.

Oleum Cinnamomi.

Niederlande IV 1905.

Das durch Destillation mit Wasser aus der Rinde des Zimtes gewonnene Öl. Frisch ein gelbes, an der Luft allmählich gelbrot oder bräunlich und dickflüssiger werdendes Öl. Geschmack erst sehr süß, dann brennend aromatisch. Spez. Gew. bei 15⁰ = 1,025 bis 1,040.

Der größte Teil des Öles soll bei ungefähr 250⁰ destillieren. Der nicht flüchtige Rückstand darf höchstens 10 % betragen. Fügt man zu 0,5 ccm Zimtöl das gleiche Volumen Salpetersäure bei 0⁰ tropfenweise zu, so entsteht eine Kristallmasse, die nur wenig dunkler als das Öl selbst ist. Mit Alkohol (90 Vol.-%) gibt Zimtöl in allen Verhältnissen eine klare Lösung; in 3 Teilen verdünntem Alkohol (70 Vol.-%) soll es sich lösen. Diese Lösung soll blaues Lackmuspapier röten. Die alkoholische Lösung 1 : 10 soll durch Eisenchlorid grünlich, nicht in der Durchsicht blau werden. (Zimtblätteröl.) Tropft man einige Tropfen Zimtöl schnell in Wasser, so soll kein Durcheinanderwirbeln entstehen (Alkohol) und die Tropfen sollen untersinken. (Fettes Öl.) Schüttelt man 5 ccm Zimtöl mit 50 ccm Natriumbisulfitlösung (30 = 100) tüchtig und erwärmt dann 2 Stunden auf dem Wasserbade, so dürfen nicht mehr als 2,25 und nicht weniger als 1,25 ccm unlöslich sein. Schüttelt man gleiche Volumina Zimtöl und Natronlauge, so darf Zimtöl nicht mehr als ¹/₁₀ seines Volumens verlieren.

Esencia de canela. Esencia Cinnamomi.

Spanien VII 1905.

Das durch Destillation mit Wasser erhaltene Öl des Ceylon-Zimtes. Neutrale Flüssigkeit von goldgelber Farbe, die mit der Zeit ins rötliche übergeht. Ihr spez. Gew. ist schwerer als Wasser, nämlich 1,004—1,006 bei 15⁰, sie hat einen milden Geruch und süßlichen, warmen Geschmack. Zimtöl übt kaum eine Wirkung auf das polarisierte Licht aus, dreht es aber nach links. Löslich in seinem Volumen an 90 Vol.-% Alkohol. Durch Zusatz von Jod entsteht kein Geräusch,

aber es entsteht eine starke Temperaturerhöhung. Mischt man 2 gleiche
Volumina Zimtöl und Salpetersäure, so erhält man eine weiche Masse,
von kristallinischem Aussehen.

Durch Behandeln mit Eisenchlorid darf es nicht blau oder blaugrün werden.

Oleum Citri.

Amerika
VIII
1905.

Oil of Lemon.

Das flüchtige Öl, erhalten durch Auspressen der frischen Citronen-
schalen. Wenn nach untenstehendem Prozeß verfahren wird, soll
sich ein Gehalt von nicht weniger als 4 % Aldehyd, als Citral berechnet, ergeben. Es soll in gut verschlossenen, bernsteinfarbigen
Flaschen kühl und vor Licht geschützt aufbewahrt werden.

Hellgelbe klare Flüssigkeit mit dem würzigen Geruch der Citrone
und aromatischem, etwas bitterem Geschmack. Spez. Gew. bei $25^0 =$
0,851—0,855. Sie dreht das polarisierte Licht mindestens um $+ 60^0$
nach rechts im 100 mm Rohr bei 25^0 C. Der Drehungswinkel der
ersten 10 % des Öles, erlangt durch fraktionierte Destillation, darf
höchstens 2 % von dem des Originalöles differieren.

Citralprobe: In einen tarierten 150 ccm Kolben fülle man mit
einer Pipette etwa 15 ccm Citronenöl und notiere dessen Gewicht
genau, füge 5 ccm destilliertes Wasser und einige Tropfen Phenolphthalein hinzu und neutralisiere dann genau durch vorsichtiges Hinzufügen von Zehntel-Normal-Natronlauge, füge 25 ccm neutraler
Natriumsulfitlösung 1 : 5 hinzu und setze den Kolben in ein Wasserbad mit siedendem Wasser. Aus einer Bürette füge man die nötige
Menge Halb-Normal-Salzsäure hinzu, um die Neutralität der Mischung
aufrecht zu erhalten, halte den Kolben fortgesetzt erhitzt und schüttele
fortwährend, indem man 1—2 Tropfen Phenolphthalein hinzufügt.
Ist die Lösung dauernd neutral, so notiere man sich die Menge der
verbrauchten ccm Halb-Normal-Salzsäure. Nun mache man dieselbe
Probe nochmals, aber ohne Citronenöl, notiere wieder die Menge der
verbrauchten ccm Halb-Normal-Salzsäure, ziehe sie von der ersten
Menge ab und jeder ccm der Differenz entspricht 0,03802 g Citral.
Um den Prozentsatz zu finden, multipliziere man die Differenz mit
0,03802 und dieses Produkt mit 100 und dividiere durch das Gewicht
des angewendeten Citronenöles.

Essence de Citron.

**Belgien
III 1 906**

Ein Öl, das durch Auspressen der frischen Rinde der Frucht von Citrus Limonum Risso erhalten wird.

Es ist eine klare Flüssigkeit von blaßgelber Farbe und angenehmem Geruch. Spez. Gew. bei $15^0 = 0,858—0,861$. Citronenöl löst sich in 5 Teilen Alkohol $95^0/o$ und gibt eine Lösung, die opalisierend sein kann. Sein Drehungswinkel ist $+58^0$ bis $+65^0$.

Aetheroleum Citri. Citronolie.
Citrus Limonum Risso. — Rutaceae.

**Däne-
mark VII
1907.**

Das ätherische Öl aus den Fruchtschalen.

Dieses ist von lichtgelber Farbe, ist besonders in frischem Zustande ein wenig trübe und setzt beim Hinstellen einen geringen Niederschlag ab. Geruch wie Citrone, Geschmack erst aromatisch, hernach etwas bitter. Spez. Gew. bei $15^0 = 0,858—0,861$. Mit 5 Teilen Weingeist $90^0/o$ gibt es eine etwas trübe Lösung. Citronenöl darf nicht eine stark sauere Reaktion aufweisen.

Oleum Citri. Citronenöl.

**Deutsch-
land V
1910.**

Das aus der Fruchtschale der frischen Citronen gepreßte Öl. Citronenöl ist eine hellgelbe, stark rechtsdrehende (α D$^{20^0}$ $+58^0$ bis $+65^0$) Flüssigkeit. Es riecht nach Citronen und schmeckt milde würzig, hinterher etwas bitter.

Spezifisches Gewicht bei $15^0 = 0,857—0,861$.

Citronenöl muß sich in 12 Teilen Weingeist ($90—91$ Vol. $^0/o$) klar oder bis auf wenige Schleimflocken lösen (fettes Öl, Paraffin).

Oil of Lemon.

**England
1898.**

Das Öl, erhalten aus der frischen Citronenschale.

Hellgelb mit dem würzigen Geruch der Citrone und warmem, bitterem, aromatischem Geschmack. Spez. Gew. bei $15,5^0 = 0,857$ bis $0,860$. Sein Drehungswinkel beträgt mindestens $+59^0$. Destilliert man 100 Volumina fraktionsweise, so sollen die ersten 10 Volumina in der Drehung höchstens um 2^0 von der Drehung des ganzes Öles differieren.

Frank-
reich
1908.

Essence de Citron. Oleum Citri aethereum

Das durch Auspressen des äußeren Teiles des frischen Pericarps der Citrone erhaltene Öl.

Citronenöl ist eine leicht gelbliche Flüssigkeit, spez. Gew. bei $15^0 = 0,857$—$0,862$. Es löst sich, öfters mit einer leichten Trübung, in 5 Gewichtsteilen $95^0/_0$ Alkohol. In allen Verhältnissen ist es in absolutem Alkohol und in Schwefelkohlenstoff löslich. Es ist rechtsdrehend. Man verreibt einen Tropfen Citronenöl mit Zucker und schüttelt mit 500 ccm Wasser durch. Die Flüssigkeit muß einen reinen Geruch nach Citrone haben.

Man prüft das Öl im Polarisationsapparate im 10 cm Rohr. Die Drehung soll 57^0—67^0 nach rechts betragen, wenn die Temperatur zwischen $+ 15^0$ und $+ 20^0$ liegt. Man bringt 100 ccm Citronenöl in einen Kolben, der so eingerichtet ist, daß man das Produkt der Destillation aufsammeln kann, destilliert sachte, bis man 10 ccm Destillat erhalten hat und polarisiert dieses im 10 cm Rohr. Die Drehung darf um höchstens 5^0 niedriger sein als die des ganzen Öles.

Japan III
1907.

Oleum Citri. Oleum Limonis. Oil of Citron. Oil of Lemon.

Das aus der frischen Citronenschale erhaltene flüchtige Öl.

Leichtgelbe dünne Flüssigkeit von charakteristischem, aromatischem Geruch und etwas bitterem Geschmack. Klar mischbar mit etwa 7 Teilen Alkohol $90^0/_0$, heftig aufbrausend mit Jod. Spez. Gew. bei $15^0 = 0,858$—$0,861$.

Nieder-
lande IV
1905.

Oleum Citri.

Das durch Auspressen aus der Schale der frischen Citrone gewonnene Öl. Dünne, gelbliche Flüssigkeit, Geschmack milde aromatisch, im Munde bleibt ein bitterer Geschmack. 1 Tropfen Citronenöl, mit Zucker angerieben und in 500 ccm Wasser gelöst, soll eine Lösung mit einem angenehmen Geruch nach Citrone geben. Spez. Gew. bei $15^0 = 0,850$—$0,860$. Der Drehungswinkel beträgt $+ 58^0$ bis $+ 67^0$ im 100 mm Rohr bei 20^0. Citronenöl soll sich in 6 Volumen Alkohol $90^0/_0$ lösen. Entfernt man die Hälfte des Öles durch Destillation, so soll das Destillat stärker nach rechts drehen als das ursprüngliche Öl.

Oleum Citri.

Öster-reich VIII 1906.

Das aus der frischen Schale von Citrus Limonum gewonnene Öl sei klar, dünnflüssig, von blaßgelber Farbe, dem eigenartigen Geruch der Citronenschale und aromatisch bitterem scharfen Geschmack. Spez. Gew. bei $15^0 = 0{,}858—0{,}861$. Es soll sich in 5 Teilen Alkohol 90 Vol. %) lösen.

Oleum Citri. Oleum de Cedro.

Rußland VI 1910.

Wird gewonnen durch Auspressen der Schalen der frischen Citronen, Citrus Limonum Risso.

Dünne, durchsichtige oder ein wenig trübe Flüssigkeit von blaß-gelber Farbe. Riecht angenehm nach Citronen. Spez. Gew. bei $15^0 = 0{,}855—0{,}865$. 1 Tropfen Citronenöl, mit Zucker verrieben und mit 500 ccm Wasser durchgeschüttelt, gibt dem Wasser einen angenehmen Geruch und Geschmack nach Citrone. Löslich in 12 Teilen 95% Alkohol. Das Öl wird bei langem Aufbewahren dicker.

Aetheroleum Citri. Citronolja.

Schwe-den IX 1908.

Das aus Schalen von frischen Citronen (Citrus medica L. sub-spec. Limonum, Hooker fil.) ohne Destillation hergestellte flüchtige Öl.

Hellgelbe Flüssigkeit mit angenehmem Geruch von frischen Citronen, auch mildem, etwas bitterem Geschmack. Spez. Gew. bei $15^0 = 0{,}855—0{,}861$. Citronenöl ist rechtsdrehend (Drehung bei 20^0 im 100 mm Rohr $+ 58^0$ bis $+ 65^0$) und gibt mit 5 Teilen Alkohol 90% eine gewöhnlich nicht ganz klare Lösung.

Citronenöl darf nur einen unbedeutenden Bodensatz haben und darf nicht eine stark sauere Reaktion aufweisen und wird, auf ange-gebene Weise verdünnt, feinen, reinen Citronengeruch haben.

Citronenöl. Essence de citron. Essenza di limone.

Schweiz IV 1907.

Das aus der frischen Fruchtschale von Citrus medica L. subspec. Limonum (Risso) Hooker fil. (Citrus Limonum Risso) durch Pressung bereitete ätherische Öl.

Citronenöl ist gelblich, dünnflüssig, von neutraler oder schwach sauerer Reaktion. Es löst sich in 12 Teilen Weingeist (90 Vol. %) und in jedem Verhältnis in absolutem Alkohol, Äther, Chloroform, Benzol oder Amylalkohol. Sein spez. Gew. beträgt $0{,}857—0{,}861$ bei 15^0 C.

Wird Citronenöl der fraktionierten Destillation unterworfen, so sollen unter 172⁰ nicht mehr als 30⁰/₀ übergehen. Der nach dem Erhitzen des Öles im Dampfbade erhaltene Rückstand darf nicht mehr als 5⁰/₀ betragen. Werden einige Tropfen Öl mit 1 ccm Natriumbisulfit unter öfterem Umschütteln auf dem Dampfbade erwärmt, so soll sich nach ruhigem Stehen in der Ölschicht nur eine weiße, nicht aber eine gelbe Ausscheidung bemerkbar machen. Citronenöl hat einen charakteristischen, nicht terpentinähnlichen Geruch und einen milden, nur schwach bitteren Geschmack. Sein optisches Drehungsvermögen beträgt bei 20⁰ C im 100 mm Rohr $+ 58^0$ bis $+ 65^0$.

Spanien VII 1905.

Esencia de Limòn.

Das durch Auspressen oder durch Destillation mit Wasser aus dem Epicarp der Citrone erhaltene Öl.

Gelbe trübe Flüssigkeit, die bei $— 20^0$ ein Stearopten abscheidet, Geruch sehr angenehm, wenn das Öl durch Auspressen gewonnen wird. Gewinnt man das Öl durch Destillation, so entsteht eine farblose Flüssigkeit von weniger angenehmem Geruch. In beiden Fällen leichter als Wasser, rechtsdrehend, vollständig löslich in Äther und Alkohol (95 Vol. ⁰/₀). Mit 85 Vol. ⁰/₀ Alkohol entsteht eine trübe Flüssigkeit. In reinem Zustande reagiert es nicht auf Jod.

Oleum Copaivae.

Amerika VIII 1905.

Oil of Copaiba.

Das flüchtige Öl, destilliert aus dem Copaivabalsam.

Soll in wohlverschlossenen bernsteinfarbigen Flaschen an einem kühlen Orte vor Licht geschützt aufbewahrt werden.

Farblose oder hellgelbe Flüssigkeit mit dem charakteristischen Geruch des Copaivabalsams und aromatischem, etwas bitterem, stechendem Geschmack. Spez. Gewicht bei 25⁰ = 0,895—0,905, das mit dem Alter zunimmt. Copaivabalsamöl dreht links. Es ist löslich in 2 Teilen Alkohol (95 Vol. ⁰/₀).

England 1898.

Oil of Copaiba.

Das Öl, destilliert aus dem Copaivabalsam.

Farbloses oder hellgelbes Öl mit dem Geruch und Geschmack des Copaivabalsams. Spez. Gewicht bei 15,5⁰ = 0,900—0,910. Leicht linksdrehend. Löslich 1 : 1 in absolutem Alkohol. (Unterschied von afrikanischem Copaivaöl.)

Oleum Coriandri.

Oil of Coriander.

Amerika
VIII
1905.

Das flüchtige Öl, destilliert aus dem Coriander.

Soll in wohlverschlossenen bernsteinfarbigen Flaschen vor Licht geschützt an einem kühlen Orte aufbewahrt werden.

Farblose oder gelbliche Flüssigkeit mit dem charakteristischen aromatischen Koriandergeruch und warmem, beißendem Geschmack. Spez. Gewicht bei $25^0 = 0{,}863—0{,}878$. Soll löslich sein in 3 Volumen 70 Vol. $^0/_0$ Alkohol, ebenso in je 1 Teil 80 Vol. $^0/_0$ und 90 Vol. $^0/_0$ Alkohol. Das Öl ist rechtsdrehend; der Drehungswinkel schwankt zwischen $+7$ und $+14^0$ im 100 mm Rohre bei einer Temperatur von 25^0.

Oil of Coriander.

England
1898.

Das aus Korianderfrüchten destillierte Öl.

Farblos oder hellgelb mit dem Geruch und Geschmack der Frucht. Spez. Gewicht bei $15{,}5^0 = 0{,}870—0{,}885$. Mischt man 1 ccm des Öles mit 3 ccm Alkohol (70 Vol. $^0/_0$), so soll eine klare Lösung entstehen. (Abwesenheit von Terpentinöl und hinzugefügten Terpenen.)

Oleum Cubebarum.

Oil of Cubeb.

Amerika
VIII
1905.

Das flüchtige Öl, destilliert aus den Cubeben.

Es soll in wohlverschlossenen gelben Flaschen an einem kühlen Orte, vor Licht geschützt, aufbewahrt werden.

Farblose, hellgrüne oder gelbe Flüssigkeit mit dem charakteristischen Cubebengeruch und warmem, kampferartigem, aromatischem Geschmack.

Spez. Gewicht bei $+25^0 = 0{,}905—0{,}925$. Die alkoholische Cubebenöllösung soll neutral gegen Lackmuspapier reagieren. Cubebenöl ist linksdrehend; der Drehungswinkel schwankt zwischen -25 und -40^0 im 100 mm Rohre bei einer Temperatur von 25^0.

England
1898.

Oil of Cubebs.

Das aus den Cubeben destillierte Öl.

Farblos, hellgrün oder grünlichgelb mit dem Geruch und kampferartigen Geschmack der Cubeben. Spez. Gewicht bei $15,5^0 = 0,910$ bis 0,930.

Oleum Erigerontis.

Amerika
VIII
1905.

Oil of Erigeron.

Das ätherische Öl, destilliert aus dem frischen blühenden Kraute von Erigeron canadense Linné (Compositen).

Soll in wohlverschlossenen bernsteinfarbigen Flaschen an einem kühlen Orte vor Licht geschützt aufbewahrt werden.

Hellgelbes klares Öl, das durch Alter und Aussetzen an die Luft schnell dunkler und dicker wird, mit dem eigenartigen, aromatischen beharrlichen Geruch und aromatischem, etwas stechendem Geschmack. Spez. Gewicht bei $25^0 = 0,845-0,865$. Löslich in gleichen Teilen Alkohol (94,9 Vol. %). (Unterschied vom Öle der Feuerweide, einer Abart von Erechthitis hieracifolia Rafinesque Fam. Compositen, und vom Terpentinöl.) Es ist rechtsdrehend, sein Drehungswinkel beträgt etwa $+ 50^0$ im 100 mm Rohr bei 25^0.

Oleum Eucalypti.

Amerika
VIII
1905.

Oil of Eucalyptus.

Ein flüchtiges Öl, destilliert aus den frischen Blättern des Eukalyptus, rektifiziert durch Dampfdestillation.

Soll mindestens 50 Volumen % Cineol aufweisen, wenn, wie folgt, geprüft wird. Es soll in wohlverschlossenen, bernsteinfarbigen Flaschen an einem kühlen Platze vor Licht geschützt aufbewahrt werden.

Farblose oder hellgelbe Flüssigkeit mit dem charakteristischen, aromatischen, etwas kampferartigen Geruch und stechendem, beißendem und kühlendem Geschmack. Spez. Gewicht bei $25^0 = 0,905$ bis 0,925. Löslich in allen Verhältnissen in Alkohol 95 %, auch in 3 Volumen 70 Vol. % Alkohol. Die alkoholische Lösung soll neutral sein gegen Lackmuspapier. Das Öl ist rechtsdrehend. Sein Drehungswinkel betrage nicht mehr als $+ 10^0$ im 100 mm Rohre bei einer Temperatur von 25 ^{0}. Mischt man 2 ccm des Öles mit 4 ccm Eisessigsäure und fügt nach und nach 3 ccm gesättigter wässeriger Natriumnitritlösung hinzu, so soll die Lösung, leicht geschüttelt, keine Kristalle von Phellandrennitrit zeigen. (Abwesenheit von Eukalyptusölen, die viel Phellandren enthalten.)

Probe auf Cineol:

In ein Becherglas gebe man eine Lösung, bereitet aus 10 ccm Eukalyptusöl und 50 ccm gereinigtem Benzin, stelle das Becherglas in eine Kältemischung und füge tropfenweise Phosphorsäure hinzu unter beständigem Schütteln, bis die weiße Masse des gebildeten Cineolphosphates beginnt, sich gelblich oder rötlich zu färben. Dann bringe man die Masse auf ein starkes Filter, wasche mit kaltem, gereinigtem Benzin und trockne durch Pressen zwischen 2 porösen Platten. Nun bringe man den Niederschlag von Cineolphosphat in einen schmalen graduierten Zylinder und füge warmes Wasser hinzu, wodurch eine Abscheidung des Cineols verursacht wird. Das Volumen des abgetrennten Öles in ccm $\times$ 10 gibt das Volumen in Prozenten des Cineols (Eukalyptols) an. Dieses soll den Eigenschaften und Proben unter Eukalyptol entsprechen.

Oil of Eucalyptus.

England
1898.

Das aus den frischen Blättern von Eucalyptus globulus Labill. und anderen Arten von Eukalyptus destillierte Öl.

Farblos oder hellgelb mit aromatischem, kampferartigem Geruch und stechendem Geschmack, ein Kältegefühl im Munde hinterlassend. Spez. Gewicht bei $15,5^0 = 0,910 - 0,930$. Es soll die Ebene des polarisierten Lichtstrahls nicht mehr als 10 ^{0} in jeder Richtung drehen im 100 mm Rohre. Wird es in der Kälte mit $^1/_3$ seines Volumens an Phosphorsäure des Handels vom spez. Gewicht 1,750 geschüttelt, so entsteht eine halbfeste Masse. (Anwesenheit einer ausreichenden Menge von Cineol.)

Setzt man zu 1 ccm Eukalyptusöl 2 ccm Eisessigsäure und 2 ccm einer gesättigten wässerigen Lösung von Natriumnitrit, so darf die Mischung, leicht geschüttelt, keine Kristalle bilden. (Ausschluß von Eukalyptusölen mit viel Phellandrengehalt.)

Frank-reich 1908.

Essence d'Eucalyptus. Oleum Eucalypti aethereum.

Das Öl wird erhalten durch Dampfdestillation der Blätter von Eucalyptus globulus. Es verdankt seine Eigenschaften hauptsächlich dem Eucalyptol, das es enthält.

Eukalyptusöl ist eine gelbliche aromatisch riechende Flüssigkeit. Spez. Gewicht bei $15^0 = 0,910—0,930$. In allen Verhältnissen in 95 Vol. $^0/_0$ Alkohol und in Schwefelkohlenstoff löslich. Leicht rechts-drehend. Man bringt 1 g Eukalyptusöl auf eine Temperatur von $+ 50^0$, fügt allmählich 1 g pulverisiertes Jod hinzu und läßt erkalten. Die Mischung soll sich zu einem Kristallbrei vereinigen. Setzt man zu 1 ccm Eukalyptusöl 2 ccm Eisessigsäure und 2 ccm gesättigter Natriumnitritlösung und rührt sachte durch, so darf sich keine Kristall-masse bilden. (Phellandren.)

Japan III 1907.

Oleum Eucalypti. Oil of Eucalyptus.

Das durch Destillation der Eukalyptusblätter mit Wasser erhaltene flüchtige Öl.

Klare, farblose oder hellgelbe dünne Flüssigkeit mit charak-teristischem, würzigem Geruch und von neutraler Reaktion. Klar mischbar in allen Verhältnissen mit Alkohol (90 Vol. $^0/_0$) und mit Jod nicht aufschäumend. Mischt man 1 ccm des Öles mit 2 ccm Eis-essigsäure und setzt 2 ccm gesättigter wässeriger Natriumnitritlösung hinzu, so soll die Mischung nach leichtem Schütteln keine Kristall-masse bilden.

Spez. Gewicht bei $15^0 = 0,900—0,930$.

Italien III 1909.

Essenza di Eucalipto (globulus). Oleum volatile eucalypti.

Hellgelbe Flüssigkeit von angenehmem Geruch und frischem, aromatischem Geschmack.

Spez. Gewicht bei $15^0 = 0,910—0,930$. Löslich in jedem Ver-hältnis in absolutem Alkohol und in 3 Volumen 70 Vol. $^0/_0$ Alkohol.

Schüttelt man 10 ccm Eukalyptusöl mit 90 ccm einer wässerigen $50^0/_0$ Resorcinlösung, so darf der ungelöste ölige Rückstand nicht mehr als 3 ccm betragen (wenigstens $70^0/_0$ Cineol).

Spanien VII 1905.

Esencia de Eucalipto.

Das durch Destillation mit Wasser aus den Blättern des Euka-lyptus erhaltene Öl.

Farbloses oder gelbes, neutrales, durchsichtiges Öl, das durch Aussetzen an die Luft trübe und dicker wird. Sein Geruch erinnert an Lavendel und Kampfer, sein Geschmack ist pikant und frisch. Rechtsdrehend. Sein spez. Gewicht schwankt zwischen 0,900 und 0,920. Löslich in seinem eigenen Volumen an Alkohol (95 Vol. $^0/_0$); es reagiert kaum mit Jod. Salpetersäure verwandelt das Öl in einen festen Körper, aber sehr langsam.

Oleum Fagi empyreumaticum depuratum.

Oleum Fagi empyreumaticum depuratum. Beukenteerolie. **Niederlande IV 1905.**

Das durch Rektifikation gewonnene Öl des Buchenteers, der aus dem Holz von Fagus silvatica durch trockne Destillation gewonnen wird.

Leicht bewegliche, klare gelbe Flüssigkeit, die an der Luft bald rotbraun wird, von eigenartigem Geruch nach Buchenteer. Einige Tropfen, mit Kalilauge erwärmt, verbreiten einen ätherischen Geruch. Spez. Gewicht bei 15 ^{0} = 0,960—0,980. In Wasser soll das Öl fast unlöslich sein, in absolutem Alkohol, Äther und Alkohol (90 Vol. $^0/_0$) soll es sich gänzlich lösen, mit Petroläther trübt es sich in allen Verhältnissen. Schüttelt man 1 Tropfen des Öles mit 5 ccm Wasser, so soll das Filtrat saure Reaktion zeigen. Durch Zusatz von Bromwasser soll es bald milchig werden. Zwischen 120 ^{0} und 180 ^{0} soll die Hälfte des Öles destillieren. Der Rückstand soll zwischen 180 ^{0} und 220 ^{0} übergehen und nur ein geringer Teerrückstand bleiben.

Oleum Foeniculi.

Oil of Fennel.   **Amerika VIII 1905.**

Das flüchtige Öl, destilliert aus dem Fenchel. Es soll in wohlverschlossenen bernsteinfarbigen Flaschen an einem kühlen Orte aufbewahrt werden und, wenn es teilweise oder gänzlich erstarrt ist, vollkommen durch Erwärmen flüssig gemacht und vor der Abgabe tüchtig geschüttelt werden.

Farblose oder hellgelbe Flüssigkeit mit dem charakteristischen, aromatischen Geruch des Fenchels und einem süßlichen, milden, würzigen Geschmack. Spez. Gewicht bei 25 ^{0} = 0,953—0,973. Löslich 1 : 1 in Alkohol (94,9 Vol. %), die Lösung soll neutral sein gegen Lackmuspapier; auch löslich in 10 Teilen oder weniger von 80 % Alkohol. Die alkoholische Lösung des Fenchelöles ist neutral gegen Lackmuspapier und darf durch einen Tropfen Eisenchlorid nicht gefärbt werden. (Abwesenheit von einigen flüchtigen Ölen, die Phenole enthalten.)

Wenn nach folgender Methode verfahren wird, so soll der Gefrierpunkt des Fenchelöles nicht unter $+ 5^0$ sein. Man bringe ungefähr 10 ccm des Öles in ein Reagenzglas, das man in Kältemischung setzt, bringe sofort ein Thermometer in das Öl und lasse es ungestört, bis die Temperatur auf ungefähr -5^0 gefallen ist. Man führe die Kristallisation herbei entweder durch Reiben der inneren Wand des Reagenzglases mit dem Thermometer oder durch Zusatz eines Teilchens von festem Anethol und rühre fortwährend während des Erstarrens des Öles. Die höchste erreichte Temperatur während der Kristallisation wird als Gefrierpunkt betrachtet.

Belgien III 1906.

Essence de Fenouil.

Das durch Destillation mit Wasserdampf aus den Früchten des Fenchels erhaltene Öl.

Farblose oder gelbliche Flüssigkeit von eigenartigem Geruch und Geschmack, ganz löslich in gleichen Teilen Alkohol (95 Vol. %). Spez. Gewicht bei $15^0 = 0,965—0,975$. Bei 0^0 scheiden sich Anetholkristalle aus, die sich bei $+ 5^0$ wieder auflösen.

Dänemark VII 1907.

Aetheroleum Foeniculi. Fennikelolie.

Foeniculum capillaceum Gilibert. — Umbelliferae.

Das ätherische Öl aus den Früchten.

Dieses ist farblos oder schwach gelblich. Bei Abkühlung bis auf ungefähr 5^0 erstarrt das Öl zu einer kristallinischen Masse. Geruch eigentümlich, stark, Geschmack etwas bitter, brennend, nachher süßlich.

Spez. Gewicht bei $15^0 = 0,965—0,975$. Löslich in gleicher Menge Weinsprit (90 Vol. %).

Deutschland V 1910.

Oleum Foeniculi. Fenchelöl.

Das ätherische Öl des Fenchels.

Fenchelöl ist eine farblose oder schwach gelbliche, optisch aktive ($\alpha_D 20^0 + 12^0$ bis $+ 24^0$) Flüssigkeit. Es riecht stark würzig und schmeckt zuerst süß, hinterher etwas bitter und kampferartig.

Spezifisches Gewicht bei $15^0 = 0{,}965 - 0{,}975$.

Aus Fenchelöl scheiden sich beim Abkühlen unter 0^0 Kristalle von Anethol aus, die erst beim Erwärmen auf $+ 5^0$ bis 6^0 wieder vollständig geschmolzen sind.

1 ccm Fenchelöl muß sich in 1 ccm Weingeist (90—91 Vol. %) lösen.

Oleum Foeniculi. Oil of Fennel.

Japan III
1907.

Das durch Destillation von Fenchel mit Wasser erhaltene flüchtige Öl.

Farblose oder gelbliche Flüssigkeit mit charakteristischem Geruch und süßem, leicht bitterem, kampferartigem Geschmack. Löslich in gleichem Volumen Alkohol (90 Vol. %). Spez. Gewicht bei 15^0 C $= 0{,}965 - 0{,}975$. Kühlt man Fenchelöl auf 0^0 ab, so scheidet es Kristalle aus, die bei $+ 5^0$ vollständig schmelzen.

Oleum Foeniculi. Venkelolie.

Nieder-
lande IV
1905.

Das durch Destillation mit Wasser aus den Früchten des Fenchels gewonnene flüchtige Öl.

Fast farbloses Öl von erst süßem, dann bitter aromatischem Geschmack. Spez. Gewicht bei $15^0 = 0{,}965$ bis $0{,}980$. Optische Drehung $= + 12$ bis $+ 24^0$ im 100 mm Rohr. Beim Abkühlen scheidet Fenchelöl blättrige Anetholkristalle ab und wird allmählich zu einer festen Kristallmasse. Ein Fenchelöl, das bei 0^0 nicht viele Kristalle abscheidet, die bei höchstens $+ 5^0$ sich ganz lösen, soll verworfen werden. Mit gleichem Volumen Alkohol 90 % soll eine klare Mischung entstehen. Mindestens 50 % des Öles sollen zwischen 225^0 und 240^0 destillieren.

Oleum Foeniculi.

Öster-
reich
VIII
1906.

Das aus den Früchten des Fenchels bereitete ätherische Öl sei klar, farblos oder wenig gelblich, von dem eigenartigen Geruch des Fenchels und süßlichem Geschmack. Spez. Gewicht bei $15^0 = 0{,}965$ bis $0{,}975$. Löslich im gleichen Volumen 90 Vol. % Alkohol. Beim Abkühlen auf einige Grade unter 0^0 scheiden sich aus dem Fenchelöl Anetholkristalle aus, die sich bei einer Temperatur von $+ 5^0$ verflüssigen.

Oleum Foeniculi.

Rußland
VI 1910.

Wird durch Destillation der Früchte von Foeniculum officinale Allione gewonnen. Farblose oder gelbliche, durchsichtige Flüssigkeit.

Spez. Gewicht bei $15^0 = 0,965 - 0,985$. Geruch aromatisch; leicht löslich in Alkohol 90 %. Erstarrungspunkt $+ 3^0$; rechtsdrehend.

Die alkoholische Lösung des Öles soll neutral sein und darf sich nicht durch Eisenchloridlösung färben. Beim Verreiben von 1 Tropfen Fenchelöl mit Zucker und Schütteln mit 500 ccm Wasser muß letzteres stark nach Fenchelöl riechen und schmecken.

**Schweiz
IV 1907.**

Oleum Foeniculi.

Fenchelöl. Essence de fenouil. Essenza di finocchio.

Das aus der Frucht von Foeniculum vulgare Miller durch Destillation mit Wasserdampf gewonnene ätherische Öl.

Fenchelöl ist farblos bis gelblich, reagiert neutral und besitzt ein spez. Gewicht bei 15^0 von 0,965—0,977.

Beim langsamen Abkühlen scheidet es Kristalle von Anethol ab und erstarrt bei $+ 3^0$ bis $+ 6^0$. Fenchelöl ist in jedem Verhältnis klar mischbar mit Weingeist, Äther, Chloroform, Amylalkohol oder Schwefelkohlenstoff, sowie löslich in 5—8 T. Weingeist von 80 Vol. %. In der weingeistigen Lösung soll durch Eisenchlorid keine Farbenreaktion eintreten.

Fenchelöl hat einen charakteristischen Geruch und einen anfänglich bitteren, kampferartigen, hernach süßen Geschmack.

Optisch ist es aktiv, sein Drehungswinkel beträgt im 100 mm Rohr bei $+ 20^0$ C $= + 12^0$ bis $+ 24^0$.

Oleum Gaultheriae.

**Amerika
VIII
1905.**

Oil of Gaultheria.

Flüchtiges Öl, destilliert aus den Blättern von Gaultheria procumbens Linné (Fam. Ericaceae), wenn nötig, durch Dampfdestillation rektifiziert.

Soll in wohlverschlossenen bernsteinfarbigen Flaschen an einem kühlen Orte vor Licht geschützt aufbewahrt werden.

Farblose oder fast farblose Flüssigkeit mit dem charakteristischen, stark aromatischen Geruch und einem süßlichen, warmen, aromatischen Geschmack. Spez. Gewicht bei $25^0 = 1,172 - 1,180$. Siedepunkt $218^0 - 221^0$. Leicht linksdrehend bis $- 1^0$ im 100 mm Rohr bei 25^0. Sonst hat sie dieselben Eigenschaften, Reaktionen und Prüfungen wie Methylsalicylat.

Salicylate de Méthyle. Essence de Wintergreen. Belgien III 1906.

Farblose Flüssigkeit von starkem Geruch, wenig löslich in Wasser, löslich in Alkohol und Äther. Siedepunkt bei 220 ^{0}. Spez. Gewicht bei 15^0 == 1,18—1,19. Eine Lösung, hergestellt durch Schütteln von einigen Tropfen Wintergreenöl mit 50 ccm Wasser, wird durch Zusatz von einem Tropfen Eisenchloridlösung violett gefärbt. Verseifungszahl mindestens 360.

Oleum Hedeomae.

Oil of Hedeoma.

Amerika VIII 1905.

Flüchtiges Öl, destilliert aus den Blättern und blühenden Spitzen von Hedeoma. Es soll in wohlverschlossenen bernsteinfarbigen Flaschen an einem kühlen Orte vor Licht geschützt aufbewahrt werden.

Hellgelbe klare Flüssigkeit mit dem charakteristischen, beißenden, eigenartigen Geruch und Geschmack. Spez. Gewicht bei 25^0 = 0,920—0,935. Soll mit 2 und mehr Teilen 70 Vol. ^{0}/o Alkohol eine klare Lösung geben.

Es ist rechtsdrehend, der Drehungswinkel schwankt zwischen + 18 und + 22^0 im 100 mm Rohr bei 25^0.

Oleum Juniperi.

Oil of Juniper.

Amerika VIII 1905.

Flüchtiges Öl, destilliert aus den Früchten von Juniperus communis Linné (Coniferen). Es soll in wohlverschlossenen bernsteinfarbigen Flaschen an einem kalten Platze vor Licht geschützt aufbewahrt werden.

Farblose, hellgrüne oder gelbe Flüssigkeit mit dem charakteristischen Wacholdergeruch und warmem, etwas terpentinartigem, gering bitterem Geschmack. Spez. Gewicht bei 25^0 = 0,860—0,880. Löslich in 10 Volumen 90 Vol. ^{0}/o Alkohol.

Oleum Juniperi. Wacholderöl.

Deutschland V 1910.

Das ätherische Öl der Wacholderbeeren.

Wacholderöl ist eine farblose, blaßgelbliche oder blaßgrünliche Flüssigkeit. Es schmeckt und riecht eigenartig.

Spezifisches Gewicht bei $15^0 = 0,860-0,880$.

Wacholderöl muß sich in 10 Teilen Weingeist $(90-91$ Vol. %) klar oder mit schwacher Trübung lösen.

England
1898.

Oil of Juniper.

Das aus der voll erwachsenen, unreifen, grünen Frucht des Wacholders destillierte Öl.

Farblos oder hellgrünlichgelb mit dem charakteristischen Geruche der Frucht und warmem, aromatischem, bitterem Geschmack. Spez. Gewicht bei $15,5^0 = 0,865-0,890$. Löslich in 4 Volumen einer Mischung gleicher Teile von absolutem und von 90 Vol. % Alkohol mit geringer Trübung.

Frank-
reich
1908.

Essence de Genièvre. Oleum Juniperi aethereum.

Das aus den Beeren von Juniperus communis durch Destillation mit Dampf erhaltene Öl.

Wacholderbeeröl ist eine farblose oder leicht gelbliche Flüssigkeit. Spez. Gewicht bei $15^0 = 0,865-0,885$. Mit 5 Volumen Alkohol (95 Vol. %) gibt es eine trübe Lösung und mit 1 Volumen Chloroform oder Schwefelkohlenstoff eine klare Lösung.

Japan III
1907.

Oleum Juniperi. Oil of Juniper.

Das durch Destillation der Wacholderbeeren mit Wasser erhaltene flüchtige Öl.

Klare, farblose oder hellgelbliche, dünne Flüssigkeit mit charakteristischem, würzigem Geschmack. Mit geringer Trübung löslich in 10 Teilen Alkohol (90 Vol. %). Klar löslich in Schwefelkohlenstoff. Spez. Gewicht bei $15^0 = 0,865-0,880$.

Italien
III 1909.

Essenza di Ginepro. Oleum volatile juniperi.

Farblose oder schwach gelblichgrüne Flüssigkeit, welche an der Luft und am Licht dick und noch gelber wird. Geruch und Geschmack nach Wacholderbeeren. Löslich 1 : 9 in 90 Vol. % Alkohol, löslich in 1 Teil Schwefelkohlenstoff. Spez. Gewicht bei $15^0 = 0,865$ bis 0,885.

Öster-
reich
VIII
1906.

Oleum Juniperi.

Das durch Destillation aus den Wacholderbeeren gewonnene ätherische Öl sei klar, farblos oder grünlichgelb, dünnflüssig; von eigenartigem, aromatischem Geruch und Geschmack. Spez. Gew. bei $15^0 = 0,865—0,880$, in Weingeist (90 Vol. %) wenig löslich.

Oleum Juniperi. Wacholderbeeröl. Essence de genièvre. Essenza di ginepro.

Schweiz IV 1907.

Das durch Destillation mit Wasserdampf erhaltene ätherische Öl aus der reifen frischen Frucht von Juniperus communis L.

Wacholderbeeröl ist farblos oder schwach gelblich, dünnflüssig, und verharzt rasch an der Luft ganz oder nahezu ganz. Die Reaktion ist neutral bis schwach sauer. Sein spez. Gew. beträgt 0,860 bis 0,885 bei 15^0. Wacholderbeeröl ist löslich in 10 Teilen Weingeist (90 Vol. %), klar oder fast klar mischbar mit Amylalkohol, Chloroform, Schwefelkohlenstoff oder Benzol.

Wacholderbeeröl hat einen charakteristischen Geruch und einen aromatisch brennenden, etwas bitteren Geschmack. Optische Drehung bei 15^0 im 100 mm Rohr $= \pm 0^0$ bis $— 11^0$, hin und wieder auch schwach rechtsdrehend.

Oleum Laurocerasi.

Oleum Laurocerasi. Laurierkersolie.

Nieder-lande IV 1905.

Das aus den frischen Kirschlorbeerblättern durch Destillation mit Wasser gewonnene ätherische Öl.

Gelblich, der Geruch unterscheidet sich wenig vom Geruch der bitteren Mandeln. Geschmack brennend. Spez. Gew. bei $15^0 = 1,060—1,067$.

Erwärmt und kocht man 2 Tropfen Kirschlorbeeröl zusammen mit 2 ccm einer Lösung von Kaliumhydroxyd und 0,02 g Ferrosulfat und vermischt nach dem Abkühlen mit 2 ccm Salzsäure, so soll eine blaue Lösung entstehen und kurz darauf ein blauer Niederschlag ausfallen. Kirschlorbeeröl soll sich 1 : 2 in 70 Vol. % Alkohol lösen. Schüttelt man 1 ccm Kirschlorbeeröl mit 10 ccm Natriumbisulfitlösung 30% heftig und erwärmt im Wasserbade, so soll es sich ganz auflösen.

Oleum Lavandulae.

Oil of Lavender Flowers.

Amerika VIII 1905.

Flüchtiges Öl, destilliert aus den frischen blühenden Zweigen der Lavendula officinalis Chaix Fam. Labiaten.

Es soll in bernsteinfarbigen wohlverschlossenen Flaschen an einem kühlen Platze vor Licht geschützt aufbewahrt werden.

Farblose oder gelbe Flüssigkeit mit dem angenehmen Geruch des Lavendels und beißendem, etwas bitterem Geschmack. Spez. Gew. bei $+ 25^0 = 0,880—0,892$. Löslich in 3 Volumen 70 Vol. % Alkohol. Schüttelt man das Öl in einem schmalen graduierten Zylinder mit Wasser, so soll sich sein Volumen nicht verringern (Abwesenheit von Alkohol).

Essence de Lavande.

Belgien
III 1906.

Das durch Destillation der Lavendelblüten erhaltene Öl.

Farblose, gelbliche oder gelbgrünliche Flüssigkeit von angenehmem Geruch und warmem, etwas bitterem Geschmack. Spez. Gew. bei $15^0 = 0,885—0,895$. Dieses Öl soll sich in 3 Teilen 70 Vol. % Alkohol lösen. In einen Glaskolben von 100 ccm wiegt man 2 g Lavendelöl, setzt 10 ccm Alkohol, 1 Tropfen Phenolphthaleinlösung und soviel alkoholische Halb-Normal-Kalilauge zu, bis die Mischung rot wird. Dann fügt man noch 20 ccm alkoholische Halb-Normal-Kalilauge hinzu und läßt den Kolben am Rückflußkühler 1 Stunde lang sachte kochen.

Nach dem Erkalten verdünnt man mit 50 ccm Wasser und titriert den Überschuß an Kalilauge mit Halb-Normal-Salzsäure zurück. Man darf höchstens 7 ccm Salzsäure verbrauchen, was einem Minimalgehalt von $29,4\%$ Linalylacetat entspricht.

Aetheroleum Lavandulae. Lavendelolie.
Lavandula vera D C. — Labiatae.

Däne-
mark VII
1907.

Das ätherische Öl aus den Blüten.

Dieses ist lichtgelb oder grünlichgelb. Geruch rein nach Lavendel, Geschmack aromatisch, etwas bitter. Spez. Gew. bei $15^0 = 0,885—0,895$. Klar löslich in Weinsprit (90 Vol. %) in jedem Verhältnis und in 3 Teilen verdünntem Weinsprit (68—70 Vol. %).

Oleum Lavandulae. Lavendelöl.
Gehalt mindestens $29,3\%$ Linalylacetat.
$(C_{10}H_{17}O . C_2H_3O$, Mol.-Gew. 196,16.)

Deutsch-
land V
1910.

Das ätherische Öl der Lavendelblüten.

Lavendelöl ist eine farblose oder schwach gelbliche, optisch aktive $(\alpha D^{20^0} —3^0$ bis $— 9^0)$ Flüssigkeit, riecht eigenartig und schmeckt stark würzig und schwach bitter.

Spez. Gewicht bei $15^0 = 0,882—0,895$.

Esterzahl mindestens 84.

Lavendelöl muß sich bei 20^0 in 3 Teilen verdünntem Weingeist (68—69 Vol. %) zu einer klaren, bisweilen opalisierenden Flüssigkeit lösen.

Zur Bestimmung der Esterzahl wird 1 g Lavendelöl in einem Kölbchen aus Jenaer Glas mit 10 ccm weingeistiger $^1/_2$-Normal-Kalilauge am Rückflußkühler 15 Minuten lang unter bisweiligem Umschwenken auf dem Wasserbade erhitzt. Nach dem Erkalten wird nach Zusatz von 1 ccm Phenolphthaleinlösung mit $^1/_2$-Normal-Salzsäure zurücktitriert. Hierzu dürfen höchstens 7 ccm $^1/_2$-Normal-Salzsäure erforderlich sein (1 ccm $^1/_2$-Normal-Kalilauge $= 0,028055$ g Kaliumhydroxyd, Phenolphthalein als Indikator).

Oil of Lavender.

England
1898.

Das aus den Blüten der Lavendula vera D. C. destillierte Öl.

Hellgelb oder fast farblos mit dem würzigen Geruch der Blume und einem stechenden, bitteren Geschmack. Spez. Gew. bei $15,5^0$ nicht unter 0,885. Löslichkeit 1 : 3 (Raumteile) in 70 Vol. % Alkohol.

Essence de Lavande. Oleum Lavandulae aethereum.

Frank-
reich
1908.

Das durch Destillation mit Dampf erhaltene Öl der blühenden Spitzen von Lavandula officinalis.

Es hat einen Gehalt an Linalylacetat von 30—40%. Lavendelöl ist eine schwachgelbliche Flüssigkeit, sehr dünnflüssig, von starkem Geruch, scharfem, aromatischem, ein wenig bitterem Geschmack. Spez. Gew. bei $15^0 = 0,882-0,895$. Löslich in allen Verhältnissen in Alkohol (95 Vol. %), in Äther, fetten und ätherischen Ölen. Mit einer gleichen Menge Schwefelkohlenstoff gibt es eine trübe Mischung. Gießt man einige Tropfen Lavendelöl auf Filtrierpapier, so darf man nur den angenehmen Geruch nach Lavendel wahrnehmen. Mit 3 Volumen Alkohol (70 Vol. %) soll es eine klare Lösung geben. Bestimmung des Linalylacetates gleich der beim Bergamottöl. Es soll mindestens 30% Linalylacetat enthalten.

Oleum Lavandulae. Oil of Lavender.

Japan III
1907.

Das durch Destillation von Lavendelblüten mit Wasser erhaltene flüchtige Öl.

Farblose oder gelbliche Flüssigkeit mit angenehmem, aromatischem Geruch und etwas bitterem Geschmack. Klar löslich in 3 Teilen verdünntem Alkohol (68—69 Vol. %). Spez. Gew. bei $15^0 = 0,885$ bis 0,900.

Erhitzt man 1 g Öl am Rückflußkühler mit 10 ccm alkoholischer Halb-Normal-Kalilauge $^1/_2$ Stunde auf dem Wasserbade, setzt nach dem Abkühlen 1—2 Tropfen Phenolphthaleinlösung hinzu und titriert mit Halb-Normal-Salzsäure bis zur Entfärbung zurück, so dürfen höchstens 7 ccm Salzsäure erforderlich sein.

Italien III 1909.   Essenza di Lavanda.   Oleum volatile lavandulae.

Farblose, blaßgelbe oder gelbgrüne Flüssigkeit, Geruch nach Lavendelblüten, Geschmack bitter, warm und stechend.

Spez. Gewicht bei $15^0 = 0,885$—0,895. Löslich in allen Verhältnissen in absolutem Alkohol und in 3 Teilen 70% Alkohol.

3 g Lavendelöl werden mit 10—15 ccm alkoholischer Normal-Kalilauge verseift, dann mit Salzsäure vollständig neutralisiert und auf dem Wasserbade zur Trockne verdampft. Der mit Wasser aufgenommene und filtrierte Rückstand darf sich durch Zusatz von Calciumchloridlösung (1 : 1) beim Wiedererwärmen nicht trüben (Triäthylcitrat).

Man erwärmt 2 g Lavendelöl am Rückflußkühler mit 20 ccm alkoholischer Halb-Normal-Kalilauge $^1/_2$ Stunde lang auf dem Wasserbade, läßt erkalten, verdünnt mit 100 ccm Wasser und titriert mit Halb-Normal-Schwefelsäure mit Phenolphthalein als Indikator. Es dürfen nicht mehr als 12,8 ccm Halb-Normal-Schwefelsäure angewandt werden, um die rosarote Färbung zum Verschwinden zu bringen; das entspricht ungefähr 35 % Linalylacetat.

Niederlande IV 1905.   Oleum Lavandulae.

Das durch Wasserdampfdestillation aus den Blüten von Lavandula vera erhaltene flüchtige Öl.

Farblos oder gelblich, Geschmack aromatisch bitter. Spez. Gew. bei $15^0 = 0,880$—0,890. Lavendelöl soll sich in allen Verhältnissen mit 90 Vol. % Alkohol klar mischen, Löslichkeit in 70 Vol. % Alkohol = 1 : 3.

Man kocht 1 g Lavendelöl mit 10 ccm alkoholischer Halb-Normal-Kalilauge 1 Stunde lang im Wasserbade am Rückflußkühler, kühlt ab und setzt einige Tropfen Phenolphthaleinlösung hinzu. Titriert man nun mit Halb-Normal-Salzsäure bis zur Neutralisation zurück,

so sollen höchstens 6,4 ccm Halb-Normal-Salzsäure gebraucht werden, was einem Gehalte an Linalylacetat von mindestens 35 % entspricht.

Oleum Lavandulae.

Öster-
reich
VIII
1906.

Das durch Destillation aus den Lavendelblüten gewonnene ätherische Öl sei farblos oder gelblich, klar, dünnflüssig; Geruch eigentümlich, angenehm nach Lavendelblüten, Geschmack aromatisch und
bitter. Spez. Gew. bei 15° = 0,885—0,895. Sehr leicht in Alkohol
90 % löslich.

Oleum Lavandulae.

Rußland
VI 1910.

Das mit Wasser aus den frischen Blüten von Lavandula officinalis
Chaux erhaltene Destillat.

Farblose oder gelbliche Flüssigkeit, durchsichtig, von angenehmem Geruch. Spez. Gew. bei 15° = 0,885—0,895.

Löslich in 2 T. 90 Vol. % Alkohol und in 3 T. 70 Vol. % Alkohol.
An der Luft wird das Öl langsam dick und reagiert dann sauer.
Linksdrehend. Erwärmt man 1 g Lavendelöl mit 10 ccm Halb-Normal-
Kalilauge ½ Stunde lang im Wasserbade, setzt nach dem Abkühlen
einige Tropfen Phenolphthaleinlösung und 50 ccm Wasser hinzu und
titriert mit Halb-Normal-Salzsäure bis zur Neutralisation zurück, so
dürfen nicht mehr als 7 ccm Halb-Normal-Salzsäure verbraucht werden.

Aetheroleum Lavandulae.   Lavendelolja.

Schwe-
den IX
1908.

Das aus den Blüten von Lavandula vera DC durch Destillation
hergestellte flüchtige Öl.

Hellgelbe oder hellgelbgrüne, dünne Flüssigkeit mit eigentümlichem, angenehmem Geruch und ein wenig bitterem Geschmack.
Spez. Gew. bei 15° = 0,885—0,895. Verseifungszahl nicht unter 90.
Lavendelöl ist schwach linksdrehend und gibt mit Alkohol (90 Vol. %)
in allen Verhältnissen eine klare Mischung.

Lavendelöl.   Essence de Lavande.   Essenza di lavanda.

Schweiz
IV 1907.

Das aus den blühenden Zweigspitzen von Lavandula spica L.
(Lavandula vera DC) durch Destillation mit Wasserdampf erhaltene
ätherische Öl.

Lavendelöl ist farblos oder schwach gelblich, dünnflüssig, von neutraler oder schwach sauerer Reaktion. Sein spez. Gew. beträgt bei $15^0 = 0{,}882 - 0{,}895$. Lavendelöl löst sich klar in 3 Teilen verdünntem Weingeist (68—69 Vol. $^0/_0$).

1—2 g Lavendelöl werden mit 20 ccm Kalilauge gekocht. Die klare, wässerige Flüssigkeit wird abgetrennt und mit verdünnter Salzsäure schwach übersättigt. Baryumchlorid soll darin keine Fällung und Eisenchlorid keine Farbenreaktion hervorrufen.

2 g Lavendelöl werden mit 20 ccm weingeistigem Halb-Normal-Kali $^1/_2$ Stunde auf dem Dampfbade am Rückflußkühler zu schwachem Sieden erhitzt. Dann läßt man abkühlen, versetzt mit 100 ccm Wasser und titriert mit Halb-Normal-Schwefelsäure unter Zusatz von einigen Tropfen Phenolphthalein bis zum Verschwinden der Rotfärbung. Dazu dürfen nicht mehr als 12,8 ccm Säure verbraucht werden, was einem Minimalgehalt von 35 $^0/_0$ Ester im Lavendelöl entspricht.

Lavendelöl hat einen charakteristischen Geruch und einen aromatischen, etwas bitteren Geschmack. Optische Drehung $= - 3$ bis $—9^0$ im 100 mm Rohr bei 15^0.

<table><tr><td>

Spanien
VII 1905.

</td><td>

Esencia de Espliego.

</td></tr></table>

Das durch Destillation mit Wasser aus den Spitzen des Lavendel (Lavandula vera D C) erhaltene Öl.

Farbloses, gelbliches oder gelblichgrünes, sehr bewegliches Öl. Geschmack beißend aromatisch, linksdrehend. Sein spez. Gew. schwankt zwischen 0,870 und 0,940 bei 15^0. Es reagiert sauer und ist in allen Verhältnissen in 85 Vol. $^0/_0$ Alkohol löslich. Reagiert heftig mit Jod unter Entwickelung von violetten Dämpfen. Das Öl von Lavandula spica ist rechtsdrehend und durch Zusatz von Jod entsteht nur eine Temperaturerhöhung.

Oleum Macidis.

<table><tr><td>

Amerika
VIII
1905.

</td><td>

Oil of Myristica.

</td></tr></table>

Ein flüchtiges Öl, destilliert aus den Muskatnüssen. Es soll in wohlverschlossenen bernsteinfarbigen Flaschen an einem kühlen Orte vor Licht geschützt aufbewahrt werden.

Dünne, farblose oder hellgelbe Flüssigkeit mit dem charakteristischen Geruche der Muskatnüsse und warmem, beißendem Geschmack. Spez. Gew. bei $25^0 = 0,862—0,910$.

Löslich in gleichen Teilen Alkohol (94,9 Vol. %), auch in 3 Volumen 90% Alkohol. Macisöl ist rechtsdrehend, sein Drehungswinkel schwankt zwischen $+14$ und $+28^0$ im 100 mm Rohr bei 25^0. Verdampft man 2—3 ccm Öl auf dem Wasserbade, so soll kein kristallinischer Rückstand nach dem Abkühlen bleiben.

Essence de Muscade.

Belgien
III 1906.

Das durch Destillation der Muskatnüsse erhaltene Öl.

Farblose oder gelbliche Flüssigkeit von eigenartigem Geruch und Geschmack, löslich in 3 Teilen Alkohol 95%. Spez. Gew. bei $15^0 = 0,865—0,920$.

Oleum Macidis. — Ätherisches Muskatöl.

Deutsch-
land V
1910.

Das ätherische Öl des Samenmantels oder der Samenkerne von Myristica fragrans Houttuyn.

Ätherisches Muskatöl ist eine farblose oder schwach gelbliche, rechtsdrehende ($\alpha D^{20^0} + 7^0$ bis $+30^0$) Flüssigkeit. Es schmeckt anfangs milde, hinterher scharf würzig.

Spezifisches Gewicht bei $15^0 = 0,870—0,930$.

Ätherisches Muskatöl muß in 3 Teilen Weingeist (90—91 Vol. %) löslich sein.

Oil of Nutmeg.

England
1898.

Das aus Muskatnüssen destillierte Öl.

Farblos oder hellgelb, Geruch und Geschmack der Muskatnuß. Spez. Gew. bei $15,5^0 = 0,870—0,910$. Das Öl löst sich klar in seinem Volumen einer Mischung aus gleichen Teilen absolutem und 90 Vol. % Alkohol. Verdampft man ein wenig Muskatnußöl auf dem Wasserbade, so darf kein kristallinischer Rückstand nach dem Abkühlen zurückbleiben. (Abwesenheit von konkretem Muskatnußöl.)

Oleum Myristicae aethereum. Etherial Oil of Nutmeg.

Japan III
1907.

Das durch Destillation der Muskatnüsse mit Wasser erhaltene flüchtige Öl.

Farblose oder hellgelbe Flüssigkeit, Geruch und Geschmack der Frucht. Spez. Gew. bei $15^0 = 0{,}870$—$0{,}910$. Fügt man zu 1 Volumen Macisöl 1 Volumen einer Mischung bestehend aus 24 Volumen absolutem Alkohol und 1 Volumen Wasser, so soll eine klare Lösung entstehen. Verdampft man ca. 5 ccm Macisöl auf dem Wasserbade zur Trockne, so darf kein Rest bleiben, der nach dem Abkühlen Kristalle niederschlägt.

Oleum Macidis. Foeliolie.

Nieder-lande IV 1905.

Das flüchtige Öl aus dem Samenmantel von Myristica fragrans, durch Wasserdampfdestillation erhalten.

Farblose oder höchstens gelbliche, dünne Flüssigkeit, Geschmack ziemlich aromatisch. Spez. Gew. bei $15^0 = 0{,}900$—$0{,}920$. Soll sich mit 3 Teilen Alkohol (90 Vol. $^0/o$) klar mischen. Zwischen 110^0 und 130^0 sollen mindestens $50^0/o$ des Macisöles destillieren, ein Teil des Rückstandes destilliert zwischen 130^0—150^0, der letzte Teil bei mehr als 200^0.

Oleum Macidis.

Myristica fragrans.

Öster-reich VIII 1906.

Das aus dem Samenmantel von Myristica fragrans gewonnene ätherische Öl sei farblos oder gelblich, von dem eigenartigen Geruch und Geschmack der Muskatnüsse. Spez. Gew. bei $15^0 = 0{,}890$ bis $0{,}930$; in 3 Teilen Alkohol (90 Vol. $^0/o$) soll es sich klar lösen. Im Laufe der Zeit wird es bräunlich und scheidet ein Stearopten aus.

Oleum Macidis.

Rußland VI 1910.

Wird durch Destillieren der Muskatblüte, Myristica fragrans Houttuyn, hergestellt.

Dickliche Flüssigkeit, durchsichtig, von gelblicher Farbe. Spez. Gew. bei $15^0 = 0{,}890$—$0{,}930$. Geruch angenehm; Macisöl löst sich in 3 Teilen Alkohol (90 Vol. $^0/o$) und auch in gleicher Menge Schwefelkohlenstoff, wobei ein weiterer Zusatz des letzteren eine Trübung der Lösung hervorruft. Rechtsdrehend.

Macisöl. Essence de macis. Essenza di macis.

Schweiz IV 1907.

Das aus dem Samenmantel von Myristica fragrans Houttuyn durch Destillation mit Wasserdampf erhaltene ätherische Öl.

Macisöl ist farblos oder gelblich, dünnflüssig, von neutraler Reaktion. Sein spez. Gew. beträgt 0,890—0,930. Das Öl mischt sich klar mit gleichen Teilen Weingeist (95 Vol. %), Essigsäure oder Schwefelkohlenstoff. Wird etwas Öl auf dem Dampfbade bis zum Verschwinden des Geruches erwärmt, so darf der Rückstand beim Erkalten keine kristallinische Masse bilden.

Macisöl hat einen charakteristischen Geruch und einen anfangs milden, dann scharfen aromatischen Geschmack. Optische Drehung im 100 mm Rohr bei $+ 15^0$ C $= + 10$ bis $+ 20^0$.

Oleum Melissae.

Essence de Mélisse.

Belgien III 1906.

Das durch Destillation aus dem Kraute von Melissa officinalis erhaltene Öl.

Farblose oder gelbliche Flüssigkeit von eigenartigem, angenehmem Geruch.

Oleum Menthae piperitae.

Oil of Peppermint.

Amerika VIII 1905.

Flüchtiges Öl, destilliert aus den frischen oder halbgetrockneten Blättern und blühenden Spitzen der Pfefferminze, rektifiziert durch Dampfdestillation. Es soll, wenn nach untenstehendem Prozeß verfahren wird, mindestens 8 % Ester, berechnet als Menthylacetat, aufweisen und mindestens 50 % Menthol (frei und als Ester).

Es soll in wohlverschlossenen, bernsteinfarbigen Flaschen an einem kühlen Orte vor Licht geschützt aufbewahrt werden.

Farblose Flüssigkeit mit dem charakteristischen, starken Geruch des Pfefferminzkrautes und starkem, aromatischem, beißendem, würzigem Geschmack mit nachfolgendem Kältegefühl, wie wenn Luft in den Mund gezogen wird. Spez. Gewicht bei $25^0 = 0,894—0,914$. Das Öl ist linksdrehend, sein Drehungswinkel schwankt zwischen $— 25^0$ und $— 33^0$ im 100 mm Rohre bei einer Temperatur von 25^0. Es bildet mit gleicher Menge Alkohol eine klare, gegen Lackmuspapier neutrale Lösung, soll sich auch in 4 Teilen Alkohol (70 Vol. %) lösen, doch darf diese Lösung nur ganz wenig opalisieren. Wird von 25 ccm Pfefferminzöl ungefähr 1 ccm abdestilliert und das Destillat in eine wässerige Lösung von Sublimat gegossen, so darf sich an der Berührungszone nach kurzer Zeit ein weißes Häutchen nicht bilden. (Abwesenheit von Dimethylsulfid, gefunden in nicht rektifizierten Ölen.)

Mentholprobe:

Man wiege in einen tarierten Kolben 10 ccm Pfefferminzöl und notiere das genaue Gewicht, setze 25 ccm alkoholische Halb-Normal-Kalilauge hinzu, verbinde den Kolben mit einem Rückflußkühler und koche die Mischung 1 Stunde lang. Nach dem Erkalten titriere man das überschüssige Alkali mit Halb-Normal-Schwefelsäure zurück mit Phenolphthalein als Indikator, subtrahiere die Anzahl der verbrauchten ccm Halb-Normal-Schwefelsäure von den genommenen 25 ccm Halb-Normal-Kalilauge, multipliziere die Differenz mit 9,834 und dividiere das Produkt durch das Gewicht des genommenen Pfefferminzöles, um so den Prozentgehalt an Menthylacetat zu finden. Den Rest des Öles wasche man wiederholt mit Wasser, bringe ihn dann in einen Acetylierungskolben, füge 10 ccm Essigsäureanhydrid und 1 g wasserfreies essigsaures Natron hinzu und koche langsam 1 Stunde lang. Nach dem Erkalten wasche man das acetylierte Öl mit destilliertem Wasser, dann mit Natronlauge, bis die Lösung gegen Phenolphthalein gering alkalisch reagiert und trockne mit geschmolzenem Calciumchlorid auf einem Filter.

In einen gewogenen 100 ccm Kolben fülle man 5 ccm des getrockneten acetylierten Öles, notiere das genaue Gewicht, füge 50 ccm alkoholische Halb-Normal-Kalilauge hinzu und koche 1 Stunde am Rückflußkühler. Nach dem Abkühlen titriere man das übrig bleibende Alkali mit Halb-Normal-Schwefelsäure mit Phenolphthalein als Indikator, subtrahiere die Anzahl der verbrauchten ccm Halb-Normal-Schwefelsäure von den genommenen 50 ccm Halb-Normal-Kalilauge, multipliziere die Differenz mit 7,749 und dividiere das Produkt durch das Gewicht des genommenen trocknen, acetylierten Öles, abzüglich der obigen Differenz, multipliziert mit 0,021; der Quotient stellt den Prozentsatz des Menthols im Pfefferminzöl dar. Die oben erwähnte Differenz stellt die Anzahl der ccm alkoholischer Halb-Normal-Kalilauge dar, die durch das acetylierte Öl verbraucht sind.

Belgien
III 1906.

Essence de Menthe.

Das durch Destillation aus dem Kraute von Mentha piperita L. erhaltene Öl.

Farblose oder gelbliche Flüssigkeit von starkem Geruch und erst brennendem, dann kühlendem Geschmack. In seinem Volumen an Alkohol (95 Vol. $^0/_0$) löslich. Spez. Gewicht bei $15^0 = 0,900 - 0,920$.

Eine Lösung von 0,1 g Pfefferminzöl in 1 ccm Eisessig unter Zusatz von 1 Tropfen Salpetersäure soll nach einiger Zeit oder nach leichtem Erwärmen eine blaue Farbe annehmen.

Aetheroleum Menthae piperitae. Pebermynteolie.

Dänemark VII 1907.

Mentha piperita Hudson. — Labiatae.

Das ätherische Öl aus dem Kraute.

Dieses ist farblos oder gelblich bis grünlichgelb und dünnflüssig. Geruch stark, Geschmack scharf, hernach anhaltend kühlend. Spez. Gewicht bei $15^0 = 0,900 - 0,920$. Löslich bei 20^0 klar in 3—5facher Menge verdünntem Weinsprit (70 Vol. %). Bei weiterem Zusatz von verdünntem Weinsprit soll die Lösung sich klar halten oder höchstens eine geringe Trübung zeigen.

Oleum Menthae piperitae. Pfefferminzöl.

Deutschland V 1910.

Das ätherische Öl der Blätter und blühenden Zweigspitzen der Mentha piperita Linné oder nahe verwandter Mentha-Arten.

Pfefferminzöl ist eine farblose oder blaßgelbliche, linksdrehende ($\alpha D^{20^0} - 25^0$ bis -30^0) Flüssigkeit. Es besitzt einen erfrischenden Pfefferminzgeruch und brennenden, kampferartigen, hinterher anhaltend kühlenden, jedoch nicht bitteren Geschmack.

Spez. Gewicht bei $15^0 = 0,900 - 0,910$.

Pfefferminzöl muß in 5 Teilen verdünntem Weingeist (68—69 Vol. %) klar löslich sein.

Oil of Peppermint.

England 1898.

Das aus der frischen blühenden Pfefferminze (Mentha piperita Sm.) destillierte Öl.

Farblos, hellgelb oder grünlichgelb, wenn frisch destilliert, später durch Alter allmählich dunkler werdend. Geruch der des Krautes, starker, durchdringender aromatischer Geschmack, hinterläßt ein Kältegefühl im Munde. Spez. Gewicht bei $15,5^0 = 0,900 - 0,920$. Löslich in 4 Volumen Alkohol (70 Vol. %).

Kühlt man einen Teil des Öles auf $-8,3^0$ C ab und setzt ein paar Mentholkristalle hinzu, so soll eine beträchtliche Abscheidung von Menthol erfolgen.

Frank-reich 1908. Essence de Menthe poivrée, Oleum Menthae piperitae aethereum.

Das durch Destillation mit Dampf erhaltene Öl der Blätter und blühenden Spitzen von Mentha piperita. Es ist eine farblose Flüssigkeit von brennendem Geschmack. Spez. Gewicht bei $15^0 = 0{,}895$ bis 0,920. Sehr wenig löslich in Wasser; in frischem Zustande löst es sich im gleichen Volumen Alkohol (90 Vol. $^0\!/o$) und $4-5$ T. Alkohol (70 Vol. $^0\!/o$) zu einer öfters opalisierenden Lösung. In fetten Ölen ist es gleichmäßig löslich.

Japan III 1907. Oleum Menthae. Peppermint Oil.

Ein flüchtiges Öl, erhalten durch Destillation der Pfefferminzblätter mit Wasser und Entfernung der festen Bestandteile, die sich durch Abkühlung ausscheiden.

Klare, farblose oder gelbliche, dünne Flüssigkeit, von charakteristischem, durchdringendem Geruch und brennendem, kühlendem Nachgeschmack. Mit Jod erwärmt sich das Öl nicht. Klar mischbar in allen Verhältnissen mit Alkohol (90 Vol. $^0\!/o$).

Spez. Gewicht bei $15^0 = 0{,}900-0{,}910$. Fügt man 1 ccm Öl von ungefähr 15^0 C zu 3 ccm einer Mischung aus 29,5 ccm Wasser und 100 ccm Alkohol (90 Vol. $^0\!/o$), so soll es sich klar auflösen und mit weiteren $5-10$ ccm derselben Mischung nur eine Opalescenz erzeugen. Mischt man 1 Tropfen Pfefferminzöl mit 5 ccm Salpetersäure (spez. Gewicht bei $15^0 = 1{,}40$), so darf keine dauernde Rotfärbung entstehen.

Italien III 1909. Essenza di Menta. Oleum volatile menthae piperitae.

Frisch dargestellt ist es hell und klar, farblos oder strohfarbig oder auch grünlich. An der Luft wird es nach und nach gelb und dick. Geruch scharf nach Pfefferminze, Geschmack aromatisch und brennend mit erfrischendem Nachgeschmack.

Es ist in allen Verhältnissen in absolutem Alkohol löslich. Das englische Pfefferminzöl löst sich in $3-5$ Volumen 70 Vol. $^0\!/o$ Alkohol; das italienische in ca. 2 Volumen zu einer manchmal leicht opalisierenden Flüssigkeit, die auch beim Verdünnen opalisierend bleibt.

Spez. Gewicht bei $15^0 = 0{,}890-0{,}920$; das spez. Gewicht des italienischen Öles schwankt zwischen 0,908 und 0,925. Es erstarrt zwischen -8^0 und -20^0 und scheidet dann Menthol ab. Das

italienische Öl erstarrt bei —17⁰ nicht, sondern scheidet nur einige
Flocken einer kristallinischen Substanz aus, besonders die gefärbten
Varietäten.

Erwärmt man 5 Tropfen Pfefferminzöl mit 1 ccm Eisessigsäure,
so erhält man eine indigoblaue Färbung, die mit ein wenig Salpetersäure in violett übergeht. Verreibt man auf einem Uhrglase 1 Tropfen
Pfefferminzöl mit 0,2 g Jodpulver, so darf es keine heftige Reaktion
geben (Terpentinöl).

Oleum Menthae piperitae.

Nieder-
lande IV
1905.

Das durch Wasserdampfdestillation aus den frischen Blättern
und blühenden Zweigen von Mentha piperita erhaltene ätherische Öl.
Farblos oder gelblich. Geschmack eigenartig, brennend, nicht
bitter, im Munde ein Gefühl nach erfrischender Kühle verbreitend. Spez.
Gewicht bei 15⁰ = 0,900—0,920. Mischt man 2 ccm Pfefferminzöl
mit 2 ccm Eisessigsäure und 1 Tropfen Salpetersäure, so nimmt die
Mischung allmählich eine kornblumenblaue Farbe an und fluoresziert
mit kupferroter Farbe. Pfefferminzöl ist in jedem Verhältnis mit
Alkohol klar mischbar, mit 5 Teilen verdünntem Alkohol (70 Vol. ⁰/o)
soll eine klare oder höchstens leicht opalisierende Lösung entstehen.
Ob Pfefferminzöl den genügenden Gehalt an Menthol besitzt, wird
folgendermaßen festgestellt: Ungefähr 20 ccm Pfefferminzöl werden
mit der gleichen Menge Essigsäureanhydrid und 2 g wasserfreiem
essigsaurem Natron 1 Stunde gelinde gekocht, zweimal mit Wasser,
dann mit Natriumkarbonatlösung (1 : 20), dann wiederum mit Wasser
gewaschen, dann wird mit entwässertem Natriumsulfat getrocknet.
10 g des so acetylierten Öles werden mit 50 ccm alkoholischer Normal-Kalilauge 1 Stunde gekocht, ca. 1 ccm Phenolphthaleinlösung
zugesetzt und das freie Alkali mit Normal-Salzsäure zurücktitriert.
Es dürfen nicht mehr als 21 ccm verbraucht werden.

Oleum Menthae piperitae.

Öster-
reich
VIII
1906.

Das aus den frischen Blättern der Pfefferminze destillierte
ätherische Öl sei klar, farblos, wenig gelblich oder grünlichgelblich,
dünnflüssig, von dem eigenartigen, angenehmen Geruch der Pfefferminze und stark aromatischem, erst brennendem und dann kühlendem Geschmack. Spez. Gewicht bei 15⁰ = 0,900—0,910. In 4 bis
5 Teilen verdünntem (70 ⁰/o) Alkohol klar löslich. Eine Mischung aus
5 Tropfen Pfefferminzöl und 1 ccm konzentrierter Essigsäure soll

nach Verlauf von einigen Stunden eine blaue Farbe zeigen, schneller noch, wenn man zu einer Mischung von 2 ccm Pfefferminzöl und 1 ccm konzentrierter Essigsäure 1 Tropfen Salpetersäure gibt.

Rußland
VI 1910.

Oleum Menthae piperitae.

Es wird erhalten durch Destillation von Blättern oder Blüten der Pfefferminze, Mentha piperita L.

Farblose oder gelbliche durchsichtige Flüssigkeit.

Spez. Gewicht bei $15^0 = 0,900—0,910$. Geruch angenehm, charakteristisch, Geschmack kühlend. Durch Abkühlen bis $—10^0$ scheiden sich viele Kristalle von Menthol ab. Es ist linksdrehend. Mit Jod explodiert es nicht. Beim Aufbewahren wird das Öl dick und dunkel. Das Pfefferminzöl muß den ihm eignen angenehmen Geruch und Geschmack haben. Beim Schütteln gleicher Teile Öl und Wasser müssen 2 klare Schichten sich trennen. Beim Schütteln von 1 Teil frischem Pfefferminzöl mit 4—5 Teilen Alkohol (70 Vol. %) muß eine klare Lösung entstehen, bei weiterem Zusatz eine schwache Trübung.

Schwe-
den IX
1908.

Aetheroleum Menthae piperitae. Pepparmyntolja.

Das aus Mentha piperita L. durch Destillation hergestellte flüchtige Öl.

Farblose, gelbliche oder schwach gelbgrüne Flüssigkeit mit starkem Geruch nach Pfefferminze und scharfem, brennendem, aber nicht bitterem Geschmack, der begleitet ist von einem anhaltendem Gefühl von Kälte im Munde. Spez. Gewicht bei $15^0 = 0,900—0,920$. Pfefferminzöl ist linksdrehend. Ein Teil davon soll mit 3—4 Teilen verdünntem Alkohol (69,6—70,5 Vol. %) eine klare oder auf ihrer Oberfläche opalisierende Flüssigkeit geben. Feuchte einige Decigramm pulverisiertes Jod mit einigen Tropfen Pfefferminzöl an, es darf eine Verpuffung nicht eintreten.

Schweiz
IV 1907.

Pfefferminzöl. Essence de menthe. Essenza di menta.

Das aus dem Blatte von Mentha piperita L. (Hudson) durch Destillation mit Wasserdampf erhaltene ätherische Öl.

Pfefferminzöl ist farblos oder gelblich, dünnflüssig, von neutraler oder schwach saurer Reaktion. Sein spez. Gewicht beträgt bei 15^0 $0,900—0,920$. Pfefferminzöl löst sich klar in 4 Teilen verdünntem Weingeist (68—69 Vol. %); durch weiteren Zusatz des Lösungsmittels tritt eine schwache Opalescenz auf. Mit Essigsäure mischt es sich klar, mit Schwefelkohlenstoff trübe. Wird Brom in das Öl eingetröpfelt, so entsteht eine intensiv violette Färbung.

Nach dem Schütteln von 20 Tropfen Pfefferminzöl mit 1 Tropfen rauchender Salpetersäure nimmt das Öl sogleich oder nach einiger Zeit eine bläulichgrüne Farbe an, die in auffallendem Lichte kupferrot erscheint und längere Zeit anhält. Eine Mischung von je 2 Tropfen Öl und Salzsäure nimmt auf Zusatz von einem zerriebenen Kristall von Chloralhydrat Rosafärbung an.

Erwärmt man 2 Tropfen Öl mit 10 Tropfen Weingeist, 1 dg Zuckerpulver und 2 Tropfen Salzsäure, so färbt sich die Mischung tiefblau bis violett. Wird das Öl auf — 10° abgekühlt, so scheidet sich eventuell nach Zusatz eines Mentholkristallfragments, Menthol daraus kristallinisch ab. Beim Befeuchten von 1—3 dg gepulvertem Jod mit 5 Tropfen Pfefferminzöl soll eine Verpuffung nicht erfolgen. Nach dem Erwärmen auf dem Dampfbade soll das Öl nicht mehr als 4% Rückstand hinterlassen.

Ungefähr 6 g Pfefferminzöl werden in einem 100 ccm fassenden Erlenmeyerkolben mit 10 g Essigsäureanhydrid und 2 g geschmolzenem Natriumacetat drei Viertelstunden lang am Rückflußkühler zum Sieden erhitzt. Dann versetzt man mit 20 ccm Wasser, erwärmt eine Viertelstunde lang auf ungefähr 50°, läßt abkühlen, bringt die Lösung in einen Scheidetrichter, läßt nach dem Absetzen die untere Schicht ab, gibt 20 ccm Natriumkarbonatlösung (1 = 20) in den Scheidetrichter, schüttelt kräftig um, läßt wieder die untere Schicht ab und wiederholt das Ausschütteln und Ablassen so oft mit je 20 ccm Wasser, bis das abfließende Wasser nicht mehr alkalisch reagiert. Hierauf gibt man in den Scheidetrichter ungefähr 1 g gekörntes Calciumchlorid, verschließt und schüttelt kräftig, läßt dann nach einer Viertelstunde die wässerige Schicht ab, gibt abermals 1 g Calciumchlorid hinzu, verschließt, schüttelt abermals und läßt eine Viertelstunde stehen. Man gießt nun das klare Öl durch ein trocknes Filter von 4 cm Durchmesser und gibt genau 3 g davon in ein Erlenmeyerkölbchen von 200 ccm Inhalt, fügt 25 ccm weingeistiges Halb-Normal-Kali hinzu und erhitzt auf dem Dampfbade am Rückflußkühler während drei Viertelstunden zum schwachen Sieden. Dann läßt man erkalten, versetzt mit 100 ccm Wasser, gibt einige Tropfen Phenolphthalein hinzu und titriert mit Halb-Normal-Schwefelsäure bis zum Verschwinden der roten Färbung. Dazu dürfen nicht mehr als 5,8 ccm gebraucht werden, was einem Minimalgehalt von 50% Menthol im Pfefferminzöl entspricht.

Pfefferminzöl besitzt einen charakteristischen Geruch und erst brennenden, dann anhaltend kühlenden, nicht bitteren Geschmack.

Esencia de Menta piperita.

Das durch Destillation mit Wasser aus den Blüten der Mentha piperita erhaltene Öl.

Farblose oder gelbgrüne, dünne Flüssigkeit, mit der Zeit dicker werdend. Ihr Geruch ist kräftig, der Geschmack ist erfrischend und ruft ein Kältegefühl hervor. Das spez. Gewicht schwankt zwischen 0,890 und 0,920 bei 15⁰. Löst sich gut in Alkohol (95 Vol. %), reagiert sauer. Linksdrehend; mit Jod entsteht keine heftige Reaktion. Mischt man 20 Tropfen Pfefferminzöl mit 1 Tropfen Salpetersäure, so wird die Flüssigkeit dauernd blau oder blaugrün, in der Durchsicht rötlich.

Oleum Menthae viridis.

Oil of Spearmint.

Flüchtiges Öl, destilliert aus den frischen oder halbgetrockneten Blättern und blühenden Zweigen der Mentha viridis, rektifiziert durch Dampfdestillation. Es soll in wohlverschlossenen bernsteinfarbigen Flaschen an einem kühlen Orte vor Licht geschützt aufbewahrt werden.

Farblose, gelbe oder grünlichgelbe Flüssigkeit mit dem charakteristischen, starken Geruch der Mentha viridis und heißem, aromatischem Geschmack. Spez. Gewicht bei 25⁰ = 0,914—0,934. Mit gleichem Volumen 80 % Alkohol bildet das Öl eine klare Lösung, die bei weiterer Verdünnung trübe wird. Es ist linksdrehend; der Drehungswinkel schwankt zwischen — 35⁰ und — 48⁰ im 100 mm Rohre bei einer Temperatur von 25⁰.

Oil of Spearmint.

Das aus den frischen Blüten der Mentha viridis L. destillierte Öl.

Frisch destilliert farblos, hellgelb oder grünlichgelb, später durch Alter dunkler werdend. Geruch und Geschmack des Krautes. Spez. Gewicht bei 15,5⁰ = 0,920 − 0,940. Das Öl bildet mit seinem Volumen einer Mischung von absolutem Alkohol und 90 Vol. % Alkohol zu gleichen Teilen eine klare Lösung.

Oleum Menthae crispae.

Rußland
VI 1910.

Dargestellt durch Destillation der Blätter von Mentha crispa L. mit Wasser.

Durchsichtige, farblose oder gelbliche Flüssigkeit mit dem charakteristischen aromatischen Geruch und Geschmack.

Spez. Gewicht bei $15^0 = 0,900$—$0,940$; in 90 Vol. $^0/_0$ Alkohol ist das Öl leicht löslich. An der Luft wird es dicker und dunkler.

Oleum Petroselini.

Aetheroleum Petroselini. Persilleolie.
Petroselinum sativum Hoffmann. — Umbelliferae.

Däne-
mark VII
1907.

Das ätherische Öl aus den Früchten.

Dieses ist dickflüssig und gold- bis bräunlichgelb. Geruch eigentümlich, Geschmack leicht brennend. Spez. Gewicht bei $15^0 =$ 1,050—1,100. Löslich in gleichen Teilen Weinsprit (90—91 Vol. $^0/_0$).

Oleum Picis liquidae.

Oil of Tar.

Amerika
VIII
1905.

Das aus dem Teer destillierte flüchtige Öl.

Eine frisch fast farblose Flüssigkeit, die sich bald rötlichbraun färbt und den strengen Teergeschmack hat. Spez. Gewicht bei 25^0 $= 0,965$. Leicht löslich in Alkohol (94,9 Vol. $^0/_0$); die Lösung reagiert sauer gegen Lackmuspapier.

Oleum Pimentis.

Oil of Pimenta.

Amerika
VIII
1905.

Das aus dem Piment destillierte flüchtige Öl. Ergibt, wenn nach untenstehendem Prozeß verfahren wird, einen Gehalt von nicht weniger als 65 Vol. $^0/_0$ Eugenol.

Soll in wohlverschlossenen, bernsteinfarbigen Flaschen an einem kühlen Orte und vor Licht geschützt aufbewahrt werden.

Farblose, gelbe oder rötliche Flüssigkeit mit dem stark aromatischen, würzigen Geruche und einem stechend scharfen Geschmacke.

Spez. Gewicht bei 25 ^{0} = 1,033--1,048. Mit Alkohol (90 Vol. ^{0}/o) mischt sich das Öl in allen Verhältnissen, soll sich in 2 Volumen Alkohol (70 Vol. ^{0}/o) lösen.

Mit einem gleichen Volumen konzentrierter Natronlauge gemischt, bildet es eine halbfeste Masse.

Probe auf Eugenol:

Man fülle in einen Kolben mit langem Halse, der in ^{1}/10 ccm eingeteilt ist, 10 ccm Pimentöl und 100 ccm Kalilauge und schüttele 5 Minuten lang. Wenn die Flüssigkeiten sich vollständig getrennt haben, füge man soviel Kalilauge hinzu, um die untere Grenze der Ölschicht auf die Nullmarke der Skala zu bringen, und notiere das Volumen der übriggebliebenen Flüssigkeit, das nicht mehr als 3,5 ccm messen darf und so die Anwesenheit von mindestens 65 ^{0}/o Eugenol anzeigt.

Oil of Pimento.

England
1898.

Das aus dem Piment destillierte Öl.

Gelb ,oder gelblichrot im frischen Zustande, allmählich dunkler werdend, Geruch und Geschmack des Piment. Spez. Gewicht bei 15,5 ^{0} mindestens 1,040. Mit gleichem Volumen einer starken Ammoniaklösung geschüttelt, soll es sich in eine halbfeste Masse verwandeln.

Oleum Pini foliorum.

Oleum Pini foliorum.

Rußland
VI 1906.

Wird durch Destillieren der frischen Nadeln der Fichte, Pinus silvestris L., hergestellt.

Das Öl aus den Fichtennadeln ist flüssig, farblos oder hellgelblich, durchsichtig. Spez. Gewicht bei 15 ^{0} = 0,870—0,890. Geruch aromatisch, Geschmack angenehm, scharf. Löslich in 7 Teilen Alkohol (95 Vol. ^{0}/o), schwer löslich in Alkohol (70 Vol. ^{0}/o).

Oleum Pini pumilionis.

Oil of Pine.

England
1898.

Das aus den frischen Nadeln der Pinus pumilio destillierte Öl.

Farblos oder fast so, mit angenehmem, aromatischem Geruch und stechendem Geschmack. Spez. Gewicht bei 15,5 ^{0} = 0,865—0,870.

Optische Drehung $= -5^0$ bis -10^0 im 100 mm Rohr bei $15,5^0$. Nicht mehr als 10% dürfen unter 165^0 übergehen.

Oleum Pini pumilionis.

Öster-
reich
VIII
1906.

Pinus Pumilio Haenke, ein in den bewohnten Alpengegenden wachsendes niedriges Bäumchen.

Das aus den beblätterten Zweigen destillierte ätherische Öl sei farblos bis gelblich, von angenehmem Balsamgeruch und bitterem, scharfem und aromatischem Geschmack. Spez. Gewicht bei $15^0 =$ 0,865—0,875. Bei einer Temperatur von 165^0 beginnt es zu sieden; in Alkohol (90 Vol. %) ist es vollständig löslich.

Latschenöl.   Essence de pin de montagne. Essenza di pino.

Schweiz
VI 1907.

Das aus den jungen Zweigen von Pinus montana Miller var. Pumilio (Haenke) Willkomm und anderen Varietäten durch Destillation mit Wasserdampf erhaltene ätherische Öl.

Latschenöl ist farblos oder schwach grünlichgelb, dünnflüssig, von neutraler bis schwach saurer Reaktion. Sein spez. Gewicht beträgt bei 15^0 C 0,865—0,875.

Bei der fraktionierten Destillation sollen unter 165^0 nicht mehr als 10% übergehen.

Latschenöl hat einen charakteristischen Geruch.

Optische Drehung $= -4^0 \; 30'$ bis -9^0 im 100 mm Rohr bei 15^0.

Oleum Resinae empyreumaticum.

Oleum Resinae empyreumaticum. Oil of Empyreumatic Resin.

Japan III
1907.

Ein bei der trocknen Destillation des Colophoniums erhaltenes Harzöl.

Klare, gelbe oder gelblichbraune, dicke Flüssigkeit mit empyreumatischem Geruch, vollständig löslich in Äther, Chloroform und Eisessigsäure. Spez. Gewicht bei $15^0 = 0,960$—0,990.

Oleum Resinae empyreumaticum.

Öster-
reich
VIII
1906.

Ein durch trockne Destillation aus dem Colophonium gewonnenes, dickflüssiges Handelsprodukt, gelb oder gelbbraun, klar, von empyreu-

matischem Geruch. Spez. Gewicht bei 15⁰ = 0,960—0,990. In Chloroform, Äther und konzentrierter Essigsäure gänzlich löslich. Verseifungszahl 4—12, Jodzahl 50—80.

Oleum Rosae.

Amerika
VIII
1905.

Oil of Rose.

Destillat aus den frischen Blumenblättern der Rosa damascena
Mueller (Fam. Rosaceae).

Zeigt, wenn nach untenstehendem Prozeß verfahren wird, einen
Verseifungswert von nicht weniger als 10 und nicht mehr als 17 an.
Es soll in wohlverschlossenen, bernsteinfarbigen Flaschen an einem
kühlen Orte und vor Licht geschützt aufbewahrt werden. Vor der
Abgabe soll es durch Erwärmung vollständig verflüssigt und, wenn
nötig, gründlich durchgeschüttelt werden.

Hellgelbliche, durchsichtige Flüssigkeit mit dem starken, aromatischen Geruch der Rose und mildem, leicht süßlichem Geschmack.
Spez. Gewicht bei 25⁰ = 0,855—0,865. Durch Zusatz von Alkohol
(70 Vol. %) werde das Stearopten des Öles niedergeschlagen, bilde
aber eine klare Lösung mit seinen anderen Bestandteilen, die schwach
sauer reagieren muß. Erstarrungspunkt zwischen 18⁰ und 22⁰.
Man bringe ungefähr 10 ccm des Öles in ein Reagenzglas von
ungefähr 15 mm Durchmesser, bringe ein Thermometer in der Weise
hinein, daß dieses weder den Boden noch die Seiten des Glases
berührt, erhöhe die Temperatur des Öles im Glase 4⁰ bis 5⁰ über
seinen Schmelzpunkt hinaus, indem man es in der Hand hält, und
schüttele die Röhre leicht.

Man lasse das Öl abkühlen, und wenn die ersten Kristalle erscheinen, notiere man die Temperatur. Dieser Punkt wird als Gefrierpunkt betrachtet. Ein zweiter Versuch sollte zur Bestätigung
gemacht werden.

Verseifungszahlbestimmung:

Man wiege 2 ccm des Öles genau, bringe sie mit Hilfe von
etwas Alkohol in einen 100 ccm Kolben und setze 20 ccm alkoholischer Halb-Normal-Kalilauge hinzu, koche am Rückflußkühler
½ Stunde auf dem Wasserbade. Nach dem Erkalten setze man
50 ccm destilliertes Wasser und einige Tropfen Phenolphthalein
hinzu und titriere mit Halb-Normal-Schwefelsäure zurück, subtrahiere
die gebrauchten ccm Halb-Normal-Schwefelsäure von den 20 ccm

Halb-Normal-Kalilauge, multipliziere die Differenz mit 27,87 und dividiere die Differenz durch das Gewicht des Öles, um die Verseifungszahl zu finden.

Essence de Rose.

Belgien
III 1906.

Das durch Destillation aus den Blumenblättern mehrerer Rosenarten erhaltene Öl.

Kristallinische, weißgelbliche Masse von durchdringendem, angenehmem Geruch und scharfem Geschmack. Das Öl löst sich in gleicher Menge Chloroform; aus dieser Lösung wird es teilweise durch einen großen Überschuß von Alkohol (94,9 Vol. %) gefällt. Macht man das Rosenöl flüssig und kühlt es dann auf 18^0-21^0 ab, so scheiden sich durchsichtige Kristallnadeln oder Blättchen aus.

Aetheroleum Rosae. Rosenolie.
Rosa damascena Miller. — Rosaceae.

Däne-
mark VII
1907.

Das ätherische Öl aus den Blüten.

Dieses ist von lichtgelber, zeitweise grünlichgelber Farbe und etwas dickflüssig. Bei einer Temperatur unter 18^0-21^0 scheiden sich spitze oder blättrige Kristalle an der Oberfläche aus und bei stärkerem Abkühlen erstarrt das Öl ganz. Geruch stark nach Rosen. Geschmack ein wenig scharf. Spez. Gewicht bei $20^0 = 0,855-0,870$. Ist nur zum Teil löslich in Weinsprit (90 Vol. %).

Oleum Rosae. Rosenöl.

Deutsch-
land V
1910.

Das ätherische Öl der frischen Kronenblätter verschiedener Rosenarten.

Rosenöl ist eine blaßgelbliche, schwach linksdrehende $(\alpha D 20^0 - 1^0$ bis $- 3^0)$ Flüssigkeit. Es riecht eigenartig und schmeckt scharf.

Spezifisches Gewicht bei $30^0 = 0,849-0,863$.

Bei 18^0 bis 20^0 scheiden sich aus dem Rosenöl Kriställchen ab, die schließlich die gesamte Flüssigkeit zum Erstarren bringen und bei höherer Temperatur wieder schmelzen.

Oil of Rose.

England
1898.

Das aus den frischen Blüten der Rosa damascena L. destillierte Öl.

Hellgelbe, halbfeste Kristallmasse mit dem starken, aromatischen, würzigen Geruch der Rose und einem süßen Geschmack. Spez. Gewicht bei $30^0 = 0,856-0,860$.

Der Erstarrungs- und Schmelzpunkt soll zwischen 19,4 und 22,2⁰ C liegen, er entspricht der Menge des im Rosenöle enthaltenen Stearoptens.

Essence de Rose. Oleum Rosae aethereum.

Frankreich 1908.

Durch Destillation mit Wasserdampf aus den Blüten der Rosa damascena erhalten.

Rosenöl ist eine mehr oder weniger gelbe Flüssigkeit, die sich schon bei $+ 23,5^0$ trübt, indem sie kristallinische Lamellen in Massen ausscheidet. Spez. Gewicht bei $20^0 = 0,855 - 0,865$.

Oleum Rosae. Rose Oil.

Japan III 1907.

Das durch Destillation der Blüten verschiedener Rosenarten mit Wasserdampf erhaltene flüchtige Öl.

Hellgelbe Flüssigkeit mit charakteristischem, angenehmem, würzigem Geruch. Klar mischbar mit 100 Teilen Alkohol (90 Vol. %). Rosenöl erstarrt bei $18^0 - 21^0$ zu Kristallen, die bei etwas höherer Temperatur wieder schmelzen.

Oleum Rosarum.

Niederlande IV 1905.

Das flüchtige Öl aus den frischen Blumenblättern verschiedener Rosa-Arten, durch Wasserdampfdestillation gewonnen.

Bei $+ 20^0$ bildet es eine gelbliche oder grünliche Flüssigkeit. Geruch stark, rein nach Rosen, der erst dann gut wahrgenommen wird, wenn das Öl stark verdünnt ist. Spez. Gewicht bei $30^0 = 0,850$ bis 0,860. Das kalt werdende Öl scheidet zunächst kleine Kristalle aus, dann wächst es zusammen zu einer mehr oder weniger festen Kristallmasse. Versetzt man Rosenöl mit dem 10-fachen Volumen Alkohol (90 Vol. %), so entsteht eine durch Flocken stark getrübte Mischung; diese lösen sich nach dem Erwärmen der Flüssigkeit auf ca. 30^0 teilweise, teilweise werden sie flüssig und schwimmen als Tropfen obenauf.

Oleum Rosae.

Österreich VIII 1906.

Das aus den frischen Blüten einiger kultivierten Rosenarten durch Destillation gewonnene ätherische Öl ist gelblich, etwas dickflüssig; bei $15^0 - 22^0$ erstarrt es; von sehr starkem Rosengeruch und balsamischem, etwas scharfem Geschmack. Spez. Gewicht bei $20^0 = 0,855 - 0,870$. In etwa 30 Teilen Alkohol (90 Vol. %) soll es sich zu einer nur wenig opalisierenden Flüssigkeit lösen.

Oleum Rosae.

**Rußland
VI 1910.**

Wird dargestellt durch Destillation der frischen Blumenblätter
verschiedener Rosen: Rosa damascena Miller, Rosa gallica L., Rosa
trigintipetala Dieck.

Farblos oder leicht gelblich, durchsichtig, ölartig. Geruch eigenartig, charakteristisch, stark. Spez. Gewicht 0,870—0,890. Leicht
löslich in Äther und Chloroform, schwerer in Alkohol (90 Vol. $^0/_0$). Bei
$+ 18^0$ bis $+ 21^0$ bilden sich im Rosenöle nadelartige Kristalle und
bei $+ 5^0$ wird es zu einer Kristallmasse.

Beim Lösen von 1 Teil vorher auf 0^0 abgekühlten Rosenöls in
5 Teilen Chloroform und Zusatz von 20 Teilen Alkohol (90 Vol. $^0/_0$) entstehen nach einiger Zeit glänzende Kristalle; die von den Kristallen
befreite Flüssigkeit darf durch einen Tropfen Eisenchloridlösung nicht
gefärbt werden. Beim Verreiben von 1 Tropfen Rosenöl mit Zucker
und Schütteln mit 500 ccm Wasser nimmt letzteres den angenehmen
Rosengeruch an.

Oleum Rosae. Rosenöl. Essence de rose. Essenza di rosa.

**Schweiz
IV 1907.**

Das aus dem frischen Blumenblatte von Rosa gallica L. und
Rosa damascena Miller, besonders der Form trigintipetala Dieck,
durch Destillation mit Wasserdampf gewonnene ätherische Öl.

Rosenöl ist schwach gelblich, bei 20^0 noch tropfbar flüssig; sinkt
die Temperatur unter 20^0, so scheiden sich, von der Oberfläche des
Öles beginnend, nadel- oder lamellenförmige Kristalle aus, welche
bei weiterer Abkühlung sich vermehren und die ganze Masse erstarren machen. Die Reaktion des Rosenöles ist schwach sauer; sein
spez. Gewicht beträgt bei 20^0 0,855—0,870.

Rosenöl soll sich in der gleichen Menge Chloroform lösen;
auf Zusatz von 10 Teilen kaltem Weingeist scheidet sich hieraus ein
geruchloser, fester Kohlenwasserstoff kristallinisch ab. Der flüssig
bleibende Anteil darf durch 1 Tropfen Eisenchlorid weder rote noch
violette Farbe annehmen.

Schüttelt man 2 Tropfen Rosenöl mit 2 ccm Schiffschem Reagens,
so darf keine violettblaue, sondern erst nach 24 Stunden eine rote
Färbung eintreten.

Rosenöl hat einen charakteristischen Geruch.

Optische Drehung:

1. bulgarisches Öl = $- 40^0$ bei 25^0 im 100 mm Rohr,
2. deutsches Öl = $+ 1$ bis $- 1^0$ bei 30^0 im 100 mm Rohr.

Oleum Rosmarini.

Oil of Rosemary.

Amerika
VIII
1905.

Das aus den frischen blühenden Zweigen von Rosmarinus officinalis destillierte flüchtige Öl.

Soll, wenn nach untenstehendem Prozeß verfahren wird, einen Gehalt von mindestens $15\,^0\!/_0$ Ester, berechnet als Bornylacetat, und mindestens $15\,^0\!/_0$ Borneol aufweisen. In wohlverschlossenen, bernsteinfarbigen Flaschen an kühlem Platze vor Licht geschützt aufzubewahren. Farblose oder hellgelbe klare Flüssigkeit mit dem charakteristischen, stechenden Geruch des Rosmarins und warmem, etwas kampferartigem Geschmack. Spez. Gewicht bei $25^0 = 0{,}894$ bis 0,912. Das Öl soll rechts drehen, der Drehungswinkel betrage nicht mehr als $+15^0$ im 100 mm Rohre bei einer Temperatur von 25^0. Die ersten $10\,^0/_0$, durch fraktionierte Destillation erhalten, sollen auch rechts drehen.

Löslich in $^1/_2$ Volumen und mehr von Alkohol (90 Vol. $^0/_0$), auch in 2—10 Volumen Alkohol (80 Vol. $^0/_0$).

In einen tarierten Kolben wiege man 10 ccm Rosmarinöl und notiere das genaue Gewicht, setze 25 ccm alkoholische Halb-Normal-Kalilauge hinzu, verbinde den Kolben mit einem Rückflußkühler und koche die Mischung eine Stunde lang. Nach dem Abkühlen titriere man mit Halb-Normal-Schwefelsäure den Überschuß an Kalilauge zurück mit Phenolphthalein als Indikator, subtrahiere die Anzahl der verbrauchten ccm Schwefelsäure von den genommenen 25 ccm Kalilauge, multipliziere die Differenz mit 9,734 und dividiere das Produkt durch das Gewicht des genommenen Öles, um den Prozentsatz des Bornylacetates zu finden. Das restierende Öl wasche man wiederholt mit Wasser, bringe es in einen Acetylierungskolben, setze 10 ccm Essigsäureanhydrid und 1 g wasserfreies Natriumacetat zu und koche langsam 1 Std. lang, lasse abkühlen, wasche das acetylierte Öl mit destilliertem Wasser und dann mit Natronlauge, bis die Mischung gegen Phenolphthalein ein wenig alkalisch reagiert. Dann trockne man mit Hilfe von geschmolzenem Calciumchlorid und filtriere, bringe in einen tarierten 100 ccm Kolben 5 ccm des trocknen, acetylierten Öles, notiere das genaue Gewicht, setze 50 ccm alkoholischer Halb-Normal-Kalilauge hinzu, verbinde den Kolben mit einem Rückflußkühler und koche die Mischung eine Stunde lang. Nach dem Abkühlen titriere man das überschüssige Alkali mit Halb-Normal-Schwefelsäure und Phenolphthalein als Indikator zurück, subtrahiere die Anzahl der verbrauchten ccm Halb-Normal-Schwefelsäure von den 50 ccm der verwendeten Halb-Normal-Kalilauge, multipliziere die Differenz mit 7,649 und dividiere das Produkt durch das Gewicht des angewendeten trocknen Öles, abzüglich der obigen Differenz, multipliziert mit 0,021. Der Quotient ist gleich dem Prozentgehalt von Borneol im Rosmarinöl. Diese Differenz ist gleich der Anzahl der ccm alkoholischer Halb-Normal-Kalilauge, verbraucht durch das acetylierte Öl.

Essence de Rosmarin.

Belgien III 1906.

Das durch Destillation der Rosmarinblätter erhaltene Öl.

Farblose oder gelbliche Flüssigkeit von durchdringendem, eigenartigem Geruch und würzigem Geschmack, der ein Gefühl von Kälte hervorruft. Löslich in der Hälfte ihres Gewichtes an Alkohol (94,9 Vol. $^0/_0$); spez. Gewicht bei $15^0 = 0,900—0,920$.

Aetheroleum Rosmarini. Rosmarinolie.

Rosmarinus officinalis L. — Labiatae.

Däne- mark VII 1907.

Das ätherische Öl aus den blühenden Zweigen.

Dieses ist dünnflüssig, farblos oder gelblich bis grünlichgelb. Geruch stark kampferartig, Geschmack aromatisch bitter, etwas kühlend. Spez. Gewicht bei $15^0 = 0,900—0,920$. Klar löslich in ziemlich einem halben Teil seines Raumgehaltes Weinsprit (90—91 Vol. $^0/_0$).

Oleum Rosmarini. Rosmarinöl.

Deutsch- land V 1910.

Das ätherische Öl der Blätter von Rosmarinus officinalis Linné.

Rosmarinöl ist eine farblose oder schwach gelbliche Flüssigkeit, die kampferartig riecht und würzig bitter und kühlend schmeckt.

Spezifisches Gewicht bei $15^0 = 0,900—0,920$.

1 ccm Rosmarinöl muß sich in 0,5 ccm Weingeist (90—91 Vol. $^0/_0$) klar lösen.

Oil of Rosemary.

England 1898.

Das aus den Blütenspitzen von Rosmarinus officinalis Linné destillierte Öl.

Farblos oder hellgelb mit dem Geruch des Rosmarins und warmem, kampferartigem Geschmack. Spez. Gewicht bei $15,5^0 = 0,900—0,915$.

In 2 Teilen Alkohol (90 Vol. %) löslich. Es soll die Ebene des polarisierten Lichtstrahls nicht mehr als 10⁰ nach rechts drehen im 100 mm Rohr bei 15,5⁰. (Abwesenheit von Terpentinöl.)

Frankreich 1908.

Essence de romarin. Oleum Rosmarini aethereum.

Das durch Destillation mit Dampf aus den blühenden Zweigen des Rosmarins erhaltene Öl.

Rosmarinöl ist eine farblose oder leicht gelbliche Flüssigkeit. Spez. Gewicht bei 15⁰ = 0,900 — 0,920. Rechtsdrehend. Sie soll sich in einem halben Teil Alkohol (90 Vol. %) ohne Trübung auflösen. (Terpentinöl.)

Japan III 1907.

Oil of Rosemary. Oleum Rosmarini.

Das durch Destillation der frischen Blüten von Rosmarinus officinalis Linné mit Wasser erhaltene flüchtige Öl.

Farblose oder grünlichgelbe, dünne Flüssigkeit von kampferartigem, durchdringendem, aromatischem Geruch und Geschmack. Klar löslich im gleichen Volumen Schwefelkohlenstoff und in einem halben Volumen Alkohol (90 Vol. %). Spez. Gewicht bei 15⁰ = 0,900 — 0,915.

Italien III 1909.

Essenza di Rosmarino. Oleum volatile rosmarini.

Dünne, leicht bewegliche, farblose oder gelblichgrüne Flüssigkeit; Geruch stark aromatisch und durchdringend. Geschmack aromatisch nach Kampfer. Spez. Gewicht bei 15⁰ = 0,900—0,920. In allen Verhältnissen in absolutem Alkohol und in 10 Teilen Alkohol (90 Vol. %) löslich.

Niederlande IV 1905.

Oleum Rosmarini.

Das flüchtige Öl der Blätter von Rosmarinus officinalis, durch Wasserdampfdestillation erhalten.

Farblos oder gelbgrün, Geruch aromatisch, stark kampferartig. Geschmack aromatisch, bitter und erfrischend. Spez. Gewicht bei 15⁰ = 0,900—0,920. Optische Drehung im 200 mm Rohr nicht mehr als + 15⁰. Auch die ersten 10% des Destillates von Rosmarinöl sollen rechtsdrehend sein. Rosmarinöl soll mit ½ Volumen Alkohol (90 Vol. %) eine klare Lösung geben. Mehr als die Hälfte des Rosmarinöles soll zwischen 165⁰ und 175⁰ destillieren, der übrige Teil mit Ausnahme der harzigen Rückstände bei 190⁰—205⁰. Aus diesen Destillaten scheiden sich oft beim Erkalten Kampferkristalle aus.

Oleum Rosmarini.

Österreich VIII 1906.

Das aus den Rosmarinblättern gewonnene ätherische Öl sei klar, farblos oder gelblich, dünnflüssig, von eigenartigem, kampferähnlichem Rosmaringeruch und aromatischem, scharfem Geschmack. Spez. Gewicht bei 15° = 0,900—0,920. In Alkohol ist es sehr leicht löslich.

Oleum Rosmarini. Oleum Anthos.

Rußland VI 1910

Wird durch Destillation der blühenden Rosmarinzweige, Rosmarinus officinalis L. gewonnen.

Durchsichtige Flüssigkeit, farblos oder gelblich, spez. Gewicht bei 15° = 0,900—0,920. Geruch stark aromatisch, ähnlich wie Kampfer. Löslich in allen Verhältnissen in Alkohol (90 Vol. %). Linksdrehend. An der Luft wird das Öl dicker.

Aetheroleum Rosmarini. Rosmarinolja.

Schweden IX 1908.

Das aus Rosmarinus officinalis Linné durch Destillation hergestellte flüchtige Öl.

Farblose oder hellgrüngelbe, dünne Flüssigkeit mit eigentümlich aromatischem, an Kampfer erinnerndem Geruch und bitterem Geschmack. Spez. Gew. bei 15° = 0,900 - 0,920. Rosmarinöl ist rechtsdrehend und löst sich in einem halben Teile Alkohol (90%).

Rosmarinöl. Essence de romarin. Essenza di rosmarino.

Schweiz IV 1907.

Das aus dem Kraute von Rosmarinus officinalis Linné durch Destillation mit Wasserdampf erhaltene ätherische Öl.

Rosmarinöl ist klar, dünnflüssig, schwach gelbgrün; die Reaktion ist neutral bis schwach sauer. Sein spez. Gew. beträgt 0,900—0,920 bei 15°.

Rosmarinöl soll sich im gleichen Volumen Weingeist (90 Vol. %) und in 10 Volumen Weingeist (80 Vol. %), sowie in jedem Verhältnis in Essigsäure und in Schwefelkohlenstoff lösen. Rosmarinöl besitzt einen charakteristischen Geruch und einen aromatisch bitteren, etwas kühlenden Geschmack. Optische Drehung $= +0°\,45'$ bis $+15°$.

Esencia de Romero.

Spanien VII 1905.

Das durch Destillation mit Wasser aus den Spitzen des Rosmarins erhaltene Öl.

Dünnes, farbloses oder gelbliches Öl, neutral, linksdrehend; spez. Gew. bei 15⁰ = 0,880—0,910. Löslich in allen Verhältnissen in Alkohol (85 Vol. %). Reagiert heftig, aber geräuschlos auf Jod. Mit Salzsäure entsteht Schwärzung.

Oleum Rusci.

Schweiz
IV 1907.

Syn.: Oleum Betulae empyreumaticum.

Brenzliches Birkenöl. Huile russe. Olio di betula.

Der aus dem Holze von Betula verrucosa Ehrhardt und B. pubescens Ehrhardt durch trockene Destillation erhaltene Teer.

Brenzliches Birkenöl ist dickflüssig, braun, in dünner Schicht rotbraun, klar. Sein spez. Gew. liegt zwischen 0,926 und 1,05 bei 15⁰. Brenzliches Birkenöl gibt klare Lösungen mit dem **dreifachen Volumen** Amylalkohol, Chloroform, Eisessig, absolutem Alkohol, Weingeist von 95 Vol. %, trübe Mischungen dagegen mit Äther, Terpentinöl, Petroläther, Schwefelkohlenstoff. Wird brenzliches Birkenöl mit 4 T. Wasser erwärmt und die Mischung nach dem Erkalten filtriert, so besitzt das fast farblose Filtrat brenzlichen Geruch und saure Reaktion, reduziert ammoniakalische Silberlösung bei gewöhnlicher Temperatur, Fehlingsche Lösung beim Erwärmen und färbt sich durch Eisenchlorid (1:1000) grün. 1 ccm desselben Filtrates wird durch 1 Tropfen Kaliumbichromat rasch braun und bis zur Undurchsichtigkeit getrübt.

Brenzliches Birkenöl besitzt einen eigenartigen Geruch.

Oleum Rutae.

Belgien
III 1906

Essence de Rue.

Das durch Destillation aus dem Kraute von Ruta graveolens L. erhaltene ätherische Öl.

Farblose oder gelbliche Flüssigkeit von starkem, eigenartigem Geruch, löslich in 2 oder 3 Teilen Alkohol (70 Vol. %). Spez. Gew. bei 15⁰ = 0,833—0,840.

Der Kälte ausgesetzt, erstarrt Rautenöl bei + 8⁰ bis + 10⁰.

Oleum Sabinae.

Oil of Savin.

Amerika
VIII
1905.

Das aus den frischen Spitzen des Sadebaums destillierte flüchtige Öl. Soll in wohlverschlossenen, bernsteinfarbigen Flaschen an einem kühlen Orte vor Licht geschützt, aufbewahrt werden.

Farblose oder gelbliche Flüssigkeit von eigenartigem, terpentinähnlichem Geruch und stechendem, bitterem, kampferartigem Geschmack. Spez. Gew. bei 25^0 = 0,903—0,923. Das Öl ist rechtsdrehend, sein Drehungswinkel schwankt zwischen $+ 40^0$ und $+ 60^0$ im 100 mm Rohre bei einer Temperatur von 25^0. Löslich in $^1/_2$ Volumen und mehr von Alkohol (90 Vol. %).

Essence de Sabine.

Belgien
III 1906.

Das durch Destillation aus den frischen Spitzen des Sadebaums erhaltene ätherische Öl.

Farblose oder gelbliche Flüssigkeit von unangenehmem Geruch, von beißendem und bitterem Geschmack; löslich in $^1/_2$ Teil Alkohol (95 Vol. %). Spez. Gew. bei 15^0 = 0,910—0,930.

Oleum Sabinae. Oil of Savin.

Japan III
1907.

Das durch Destillation mit Wasser aus den Zweigen von Juniperus Sabina Linné erhaltene flüchtige Öl.

Farblose oder gelbliche dünne Flüssigkeit mit unangenehmem, narkotischem Geruch und kampferartigem Geschmack.

Spez. Gew. bei 15^0 = 0,895—0,940. Sie soll sich in gleichem Volumen Alkohol (90 Vol. %) und Eisessigsäure auflösen.

Sorgfältig in gut verschlossenen Flaschen aufzubewahren.

Oleum Santali.

Oil of Santal.

Amerika
VIII
1905.

Das aus dem Holze von Santalum album Linné destillierte flüchtige Öl. Es zeigt, wenn nach untenstehendem Prozeß verfahren wird, einen Gehalt von nicht weniger als 90% Alkohol, berechnet als

Santalol, an. Soll in wohlverschlossenen, bernsteinfarbigen Flaschen an kühlem Platze, vor Licht geschützt, aufbewahrt werden.

Hellgelbe, etwas dicke Flüssigkeit mit eigenartigem, aromatischem Geruch und stechendem und beißendem Geschmack. Spez. Gew. bei $25^0 = 0{,}965—0{,}975$. Das Öl ist linksdrehend, der Drehungswinkel soll nicht weniger als $— 16^0$ und nicht mehr als $— 20^0$ betragen im 100 mm Rohr bei 25^0 (Abwesenheit von anderen Arten von Sandelholzöl usw.). Leicht löslich in Alkohol (95 Vol. %), diese Lösung reagiert etwas sauer gegen Lackmuspapier; in 5 Volumen 70 Vol. % Alkohol ist es löslich.

Die Anwesenheit von Chloroform soll in folgender Weise entdeckt werden: Man faltet einen schmalen Streifen Filtrierpapier in die Form einer Kerze, tränkt ihn mit Sandelöl, bringt ihn in eine Porzellanschale und stülpt nach dem Anzünden ein mit destilliertem Wasser ausgespültes Becherglas darüber. Dann werden die Verbrennungsprodukte von dem Wasser absorbiert; spült man das Becherglas nun mit etwas destilliertem Wasser aus und filtriert die Flüssigkeit, so soll das Filtrat durch Zusatz von einigen Tropfen Silbernitratlösung nicht getrübt werden. (Abwesenheit von Chlorprodukten.)

Probe auf Santalol:

In einen Acetylierungskolben gebe man 10 ccm Sandelöl, dazu 10 ccm Essigsäureanhydrid und 2 g wasserfreies essigsaures Natron und koche die Lösung $1^1/_2$ Stunde. Nach dem Erkalten wasche man das acetylierte Öl mit destilliertem Wasser und dann mit Natronlauge, bis die Mischung gering alkalisch gegen Phenolphthalein ist. Dann trockne man mit Hilfe von geschmolzenem Chlorcalcium und filtriere. Alsdann wiege man in einen 100 ccm Kolben 3 ccm des trocknen acetylierten Öles und notiere das genaue Gewicht, füge 50 ccm alkoholisches Halb-Normal-Kali hinzu und koche am Rückflußkühler sachte 1 Stunde lang. Nach dem Abkühlen titriere man den Rest des Alkali mit Halb-Normal-Schwefelsäure zurück mit Phenolphthalein als Indikator, subtrahiere die Anzahl der verbrauchten ccm Halb-Normal-Schwefelsäure von den angewendeten 50 ccm Halb-Normal-Kalilauge, multipliziere die Differenz mit 11,026, dividiere durch das Gewicht des trockenen, acetylierten Öles abzüglich der obigen Differenz, multipliziert mit 0,021. Der Quotient stellt den Prozentsatz des Santalols im Sandelöl dar.

Die obige Differenz gibt die Zahl der ccm Halb-Normal-Kalilauge an, die durch das acetylierte Öl verbraucht sind.

Essence de Santal.

Destillat aus dem Holze von Santalum album L.

Ziemlich dicke, weißgelbliche Flüssigkeit von angenehmem Geruch und etwas bitterem Geschmack. Spez. Gew. bei $15^0 = 0{,}975—0{,}985$. Siedepunkt zwischen 275^0 und 295^0. Sandelöl soll sich in 5 Teilen Alkohol (70 Vol. %) gänzlich lösen. Santalolgehalt wenigstens 90%.

Man erhält eine Mischung von 10 g Sandelholzöl, 10 g Essigsäureanhydrid und etwas wasserfreiem geschmolzenen Natriumacetat ca. $1^1/_2$ Stunde in gelindem Kochen, läßt dann erkalten, setzt etwas Wasser hinzu und erwärmt 10–15 Minuten auf dem Wasserbade. Nun läßt man wieder erkalten, gießt in einen Scheidetrichter, läßt die wässerige Lösung ablaufen, wäscht die Ölschicht mit Wasser aus und macht sie mit entwässertem schwefelsauren Natron gänzlich wasserfrei. In einen Glaskolben gibt man 5 g des wasserfreien Öles, fügt 40 ccm alkoholischer Normal-Kalilauge hinzu und läßt 1 Stunde lang am Rückflußkühler kochen. Nun setzt man 2 Tropfen Phenolphthaleinlösung hinzu und Normal-Salzsäure bis zur Entfärbung. Es müssen mindestens 20,9 und höchstens 22,5 ccm Normal-Salzsäure verbraucht werden.

Aetheroleum Santali. Sandelolie.
Santalum album L. — Santalaceae.

Das ätherische Öl aus dem Holze.

Ein etwas dickflüssiges, lichtgelbes oder gelbes Öl, Geruch eigentümlich anhaltend, Geschmack aromatisch, scharf. Spez. Gew. bei $15^0 = 0{,}975—0{,}980$; bei 20^0 klar löslich in 5 Teilen verdünntem Weinsprit (70 Vol. %). Bei weiterem Zusatz von verdünntem Weingeist soll die Lösung sich klar halten.

Oleum Santali. Sandelöl.

Gehalt mindestens 90% Santalol ($C_{15}H_{24}O$ Mol.-Gew. 220,19).

Das aus dem Holze des Stammes und der Wurzeln von Santalum album Linné durch Destillation gewonnene Öl.

Sandelöl ist eine dickliche, farblose oder blaßgelbliche, optisch aktive ($\alpha D\,20^0 - 16^0$ bis -20^0) Flüssigkeit. Es riecht eigenartig würzig und schmeckt scharf und ein wenig bitter.

Spezifisches Gewicht bei $15^0 = 0{,}973—0{,}985$.

Sandelöl löst sich bei 20° klar in 5—7 Teilen verdünntem Weingeist (68 – 69 Vol. %); diese Lösung muß auch bei weiterem Zusatz von verdünntem Weingeist klar bleiben (fremde Öle).

Bestimmung des Santalolgehalts. 5 g Sandelöl werden mit 5 g Essigsäureanhydrid unter Zusatz von 2 g wasserfreiem Natriumacetat in einem mit Rückflußkühler verbundenen Kölbchen eine Stunde lang im Sieden erhalten. Nach dem Erkalten werden 20 ccm Wasser hinzugefügt, und die Mischung wird unter wiederholtem, kräftigem Umschütteln 15 Minuten lang auf dem Wasserbade erwärmt. Darauf wird in einem Scheidetrichter das Öl von der wässerigen Flüssigkeit getrennt, mit Wasser gewaschen, bis dieses Lackmuspapier nicht mehr rötet, mit getrocknetem Natriumsulfat entwässert und filtriert.

1,5 g dieses Öles werden mit 3 ccm Weingeist (90—91 Vol. %) und einigen Tropfen Phenolphthaleinlösung und tropfenweise mit weingeistiger ½-Normal-Kalilauge versetzt, bis eine bleibende Rötung eintritt. Darauf wird die Mischung mit 20 ccm weingeistiger ½-Normal-Kalilauge am Rückflußkühler auf dem Wasserbad erhitzt und nach dem Erkalten unter Zusatz von 1 ccm Phenolphthaleinlösung mit ½-Normal-Salzsäure bis zur Entfärbung titriert. Hierzu dürfen höchstens 9,5 ccm Säure erforderlich sein, was einem Mindestgehalte von 90 % Santalol entspricht.

England
1898.

Oil of Sandal Wood.

Das aus dem Holze von Santalum album L. destillierte Öl.

Etwas zähes, hellgelbes Öl mit starkem, aromatischem Geruch und stechendem, scharfem Geschmack. Spez. Gew. bei 15,5° = 0,975 bis 0,980. Löst sich klar in 6 Teilen Alkohol (70 Vol. %) (Abwesenheit von Cedernholzöl.) Es dreht die Ebene des polarisierten Lichtstrahles leicht nach links, der Drehungswinkel soll nicht weniger als — 16° und nicht mehr als — 20° betragen im 100 mm Rohre bei 15,5°. (Abwesenheit von anderen Arten Sandelholzöl.)

Frank-
reich
1908.

Essence de Santal. Oleum Santali aethereum.

Das durch Destillation des Holzes von Santalum citrinum mit Wasser erhaltene Öl. Es enthält Alkohole, deren Menge, auf Santalol berechnet, 90 – 98 % beträgt.

Sandelöl ist eine blaßgelbe Flüssigkeit, ein wenig dick, spez. Gew. bei 15° = 0,975—0,985. Es beginnt erst bei 300° zu sieden.

Bei 20^0 ist es in 5 Teilen Alkohol (70 Vol. %) vollständig löslich. Links-drehend. Seine alkoholische Lösung reagiert schwach sauer auf Lackmuspapier. Im 10 cm Rohr soll es eine Drehung von -17^0 bis -19^0 haben.

In einen Glaskolben bringt man 15 ccm Sandelöl, setzt ein gleiches Volumen Essigsäureanhydrid und 2 g geschmolzenes Natrium-acetat hinzu und läßt $1\,^1/_2$ Stunde kochen. Nach dem Erkalten wäscht man das Reaktionsprodukt zunächst mit Wasser, dann mit einer 20% Sodalösung und wieder mit Wasser und trocknet das Öl mit entwässertem Natriumsulfat. Man kocht nun in einem Kolben 5 g des so acetylierten und getrockneten Öles mit 50 ccm alkoholi-scher Normal-Kalilauge eine Stunde lang, läßt erkalten, setzt unge-fähr 1 ccm Phenolphthaleinlösung hinzu und bestimmt die Menge des freigebliebenen Alkalis mit Normal-Schwefelsäure. Folgende Formel gibt die Menge der im Sandelöle enthaltenen Alkohole, berechnet auf Santalol, an:

$$P = \frac{n \times 22{,}2}{q - (a \times 0{,}042)}$$

n = Zahl der angewendeten ccm alkoholischer Normal-Kalilauge,
q = Menge in Gramm des zur Verseifung verwendeten acetylierten
     Öles (5 g).
Das Gewicht P soll nicht unter 90 vom Hundert betragen.

Oleum Santali. Oil of Santal. Japan III 1907.

Das durch Destillation von Sandelholz mit Wasser erhaltene flüchtige Öl.

Hellgelbe oder gelbliche, dicke Flüssigkeit, linksdrehend, gering sauer reagierend. Klar löslich bei $+20^0$ in 5 Teilen verdünntem Alkohol (68—69 Vol. %). Geruch würzig, bernsteinartig, Geschmack nicht scharf, aber etwas bitter. Siedepunkt 300^0. Spez. Gew. bei $15^0 = 0{,}970$—$0{,}985$.

Aufzubewahren in gut verschlossenen Flaschen, vor Licht ge-schützt und an kühlem Platze.

Essenza di Sandalo. Oleum volatile santali. Italien III 1909.

Wenig flüssiges Öl von hellgelber Farbe oder gelb gefärbt, von angenehmem, anhaltendem Geruch und bitterlichem, harzigem und reizendem Geschmack. Löslich in 5 Teilen 70 Vol. % Alkohol. Spez. Gew. bei $15^0 = 0{,}975$—$0{,}985$.

Man läßt 10 g Sandelöl $1^{1}/_{2}$ Stunde lang mit ca. 10 g Essigsäure-anhydrid und ca. 2 g geschmolzenem Natriumacetat kochen, läßt er-kalten, nimmt das Produkt mit 15—20 ccm Wasser auf und digeriert 15 Minuten lang im Wasserbade. Nun läßt man erkalten, gießt die Flüssigkeit in einen Scheidetrichter, läßt die wässerige Schicht ab-laufen, wäscht mit verdünnter Natronlauge nach und zuletzt mit Wasser. Dann trocknet man mit entwässertem Natriumsulfat, wiegt genau 5 g ab, setzt 40 ccm alkoholischer Normal-Kalilauge hinzu und läßt 1 Stunde am Rückflußkühler kochen. Nun setzt man 2 Tropfen Phenolphthalein hinzu und mittelst einer Bürette Normal-Salzsäure bis zur Entfärbung.

Es sollen 20,9 bis 22,5 ccm verbraucht werden, die 84 bis 77 % Santalol $C_{15}H_{24}O$ entsprechen.

Nieder-
lande IV
1905.

Oleum Santali. Sandelolie.

Das durch Wasserdampfdestillation gewonnene Öl aus dem Holze von Santalum album, einem Baume, der in Niederländisch Indien in Wäldern wild wächst und dort und in Britisch Indien angepflanzt wird.

Dickflüssig, gelblich, Geschmack aromatisch bitter, ein wenig scharf. Spez. Gew. bei $15^0 = 0,975$—$0,985$. Optische Drehung im 100 mm Rohre $= -17^0$ bis -20^0. Mit 2 Teilen 90% Alkohol soll es eine klare Lösung geben. Löslich in 5 Volumen verdünntem Alkohol (70 Vol. %); diese Lösung reagiert schwach sauer. Siedepunkt nicht unter 290^0; der größte Teil des Öles destilliert wenig über 300^0.

Sandelöl soll mindestens 92,5% Santalol enthalten. Der Gehalt wird folgendermaßen nachgewiesen:

Ungefähr 15 ccm Sandelöl werden mit dem gleichen Volumen Essigsäureanhydrid und 2 g entwässertem essigsauren Natron $1^{1}/_{2}$ Stun-den gekocht. Das Öl wird zweimal mit Wasser, dann mit 5% Soda-lösung, dann wieder mit Wasser gewaschen, darauf mit entwässertem Natriumsulfat getrocknet. 5 g des so acetylierten Öles werden mit 50 ccm alkoholischer Normal-Kalilauge 1 Stunde gekocht; titriert man nun nach dem Erkalten nach Zusatz von ca. 1 ccm Phenol-phthaleinlösung das freie Alkali mit Normal-Salzsäure zurück, so dürfen nicht mehr als 32,3 ccm verbraucht werden.

Öster-
reich
VIII
1906.

Oleum Santali.

Santalum album L., ein Baum Ostindiens.

Das aus dem angenehm aromatischen Holze von Santalum album gewonnene dickflüssige Öl sei blaßgelb, von sehr aromatischem, in

verdünntem Zustande angenehm an Rose oder Ambra erinnerndem
Geruche und mildem, etwas beißendem Geschmacke. Spez. Gew. bei
$15^0 = 0{,}975—0{,}980$; es zeigt sauere Reaktion. Siedepunkt bei 275^0
bis 305^0; es soll sich bei $20^0—30^0$ klar in 5 Teilen verdünntem Alkohol
(68—69 Vol. %) lösen. Verseifungszahl ca. 5—15.

Oleum Santali.

Rußland
VI 1910.

Es wird durch Destillation des Kernholzes vom Sandelbaum,
Santalum album L., gewonnen.

Dickliche Flüssigkeit von schwach gelblicher Farbe. Siedepunkt
bei 300^0. Spez. Gew. bei $15^0 = 0{,}970 - 0{,}980$. Von eigenem, aromatischem Geruch und bitterem Geschmack. Reagiert schwach sauer.
Löslich in 5 Teilen Alkohol (70 Vol. %).

Aetheroleum Santali. Sandelolja.

Schwe-
den IX
1908.

Das aus dem Holze von Santalum album Linné durch Destillation
hergestellte flüchtige Öl.

Hellgelbe, etwas dickflüssige Flüssigkeit mit aromatischem Geruch
und Geschmack und mit schwach sauerer Reaktion. Spez. Gew. bei 15^0
$= 0{,}975—0{,}985$. Sandelöl ist schwach linksdrehend (Drehung bei einer
Temperatur von 20^0 im 100 mm Rohr $= — 17^0$ bis $— 20^0$), und löst
sich in allen Verhältnissen in Alkohol. Ein Teil Sandelöl soll mit 5 bis
6 Teilen von verdünntem Alkohol (69,6—70,5 Vol. %) eine klare
Lösung geben.

Oleum Santali. Sandelöl. Essence de santal. Essenza di sandalo.

Schweiz
IV 1907.

Das aus dem Holze von Santalum album L. durch Destillation
mit Wasserdampf erhaltene ätherische Öl.

Sandelöl ist hellgelb, etwas dickflüssig, von neutraler oder schwach
saucrer Reaktion. Sein spez. Gew. beträgt 0,975—0,985 bei 15^0. Sandelöl
beginnt bei $275^0—280^0$ zu sieden, ist bei $292^0—294^0$ in vollem Sieden
und geht bei $295^0—300^0$ bis auf einen geringen Rückstand über.

Sandelöl löst sich bei 20^0 in 5 T. verdünntem Weingeist (68 bis
69 Vol. %). Fügt man zu 7,5 ccm eines Gemisches von 9 T. Essigsäure
und 1 T. Salzsäure 2 Tropfen Sandelöl, so bleibe das Gemisch auch
nach 10 Minuten lichtgelblich und werde innerhalb dieser Zeit weder
rot noch violett.

Ungefähr 6 g Sandelöl werden in einem 100 ccm fassenden Erlenmeyerkölbchen mit 10 g Essigsäureanhydrid und mit 2 g geschmolzenem Natriumacetat drei Viertelstunden lang am Rückflußkühler zum Sieden erhitzt. Dann versetzt man mit 20 ccm Wasser, erwärmt $^1/_4$ Stunde lang auf ungefähr 50^0, läßt abkühlen, bringt die Lösung in einen Scheidetrichter, läßt nach dem Absetzen die untere Schicht ab, gibt sodann 20 ccm Natriumkarbonatlösung (1 = 20) in den Scheidetrichter, schüttelt kräftig um, läßt wieder die untere Schicht ab und wiederholt das Ausschütteln und Ablassen so oft mit je 20 ccm Wasser, bis dasselbe nicht mehr alkalisch reagiert. Hierauf gibt man in den Scheidetrichter ungefähr 1 g gekörntes Calciumchlorid, verschließt und schüttelt kräftig, läßt nach einer Viertelstunde die wässerige Schicht ab, gibt abermals 1 g Calciumchlorid hinzu, verschließt, schüttelt abermals und läßt $^1/_4$ Stunde stehen. Man gießt nun das klare Öl durch ein trockenes Filter von 4 cm Durchmesser und gibt 2 g davon in ein Erlenmeyerkölbchen von 200 ccm Inhalt, fügt 25 ccm weingeistiges Halb-Normal-Kali hinzu und erhitzt auf dem Dampfbade am Rückflußkühler während drei Viertelstunden zum schwachen Sieden. Dann läßt man erkalten, versetzt mit 100 ccm Wasser, gibt einige Tropfen Phenolphthalein hinzu und titriert mit Halb-Normal-Schwefelsäure bis zum Verschwinden der roten Färbung. Dazu dürfen nicht mehr als 11,15 cm verbraucht werden, was einem Minimalgehalte von 90^0/$_0$ Santalol im Sandelöl entspricht.

Sandelöl besitzt einen charakteristischen, anhaltenden Geruch und einen eigentümlichen Geschmack. Optische Drehung $= - 17$ bis $- 19^0$ im 100 mm Rohr bei 15^0.

Spanien
VII 1905.

Esencia dȷ Sandalo.

Das durch Destillation mit Wasser aus dem Holze von Santalum citrinum erhaltene Öl.

Ölige Flüssigkeit von hellgelber Farbe, neutral oder leicht sauer. Geruch mehr oder weniger intensiv, je nach der Gewinnung des Öles. Spez. Gew. bei 15^0 = 0,970—0,985.

Löst sich gut in Alkohol (95 Vol. ^{0}/$_0$), ist linksdrehend und reagiert kalt nicht auf Jod, aber erwärmt löst sich Jod im Sandelöl, das dann intensiv blau, dann fast schwarz, zuletzt grün gefärbt wird. Mit Brom entsteht eine sehr heftige Reaktion mit beträchtlicher Temperaturerhöhung.

Oleum Sassafras.

Oil of Sassafras.

Amerika
VIII
1905.

Das aus der Rinde, besonders aus der Wurzelrinde von Sassafras variifolium (Fam. Lauraceae) destillierte Öl.

Es soll in wohlverschlossenen, bernsteinfarbigen Flaschen an einem kühlen Orte, vor Licht geschützt, aufbewahrt werden.

Gelbe oder rötlichgelbe Flüssigkeit mit dem charakteristischen Geruch des Sassafras und warmem, aromatischem Geschmack. Spez. Gew. bei $25^0 = 1{,}065 - 1{,}075$. Das Öl ist rechtsdrehend und es soll der Strahl des polarisierten Lichtes nicht mehr als $+ 4^0$ abgelenkt werden im 100 mm Rohre bei einer Temperatur von 25^0. Löslich in allen Verhältnissen in Alkohol (90 Vol. %); die Lösung soll neutral gegen Lackmuspapier sein.

Esencia de Sasafrás.

Spanien
VII 1905.

Das durch Destillation mit Wasser aus der Rinde und dem Holze von Sassafras officinalis erhaltene Öl.

In frischem Zustande farbloses oder leicht gelbliches Öl, das nach einiger Zeit gelb oder rötlich wird. Neutral, schwerer als Wasser, Geruch angenehm; es dreht die Ebene des polarisierten Lichtes nach rechts, löst sich gut in 4—5 Teilen Alkohol (85 Vol. %), reagiert nicht auf Jod. Mit Schwefelsäure entsteht eine trübe Mischung von rotschwarzer Farbe, die durch Zusatz von Alkohol klar wird und eine kirschrote Farbe annimmt.

Oleum Serpylli.

Essence de Serpolet.

Belgien
III 1906.

Destillat aus dem Kraute von Thymus serpyllum L.

Farblose oder gelbliche Flüssigkeit von angenehmem Geruch. Spez. Gew. bei $15^0 = 0{,}890 - 0{,}920$.

Oleum Sinapis.

Volatile Oil of Mustard.

Amerika
VIII
1905.

Flüchtiges Öl des schwarzen Senf, nach Abpressen des fetten Öles durch Macerieren mit Wasser und nachfolgende Destillation gewonnen.

Soll, wenn nach untenstehendem Prozeß verfahren wird, mindestens 92 %/0 Allylisothiocyanat aufweisen.

Farblose oder hellgelbe, klare, stark lichtbrechende Flüssigkeit von sehr scharfem und stechendem Geruch. Beim Riechen des Öles soll große Vorsicht angewandt werden; es darf nur sehr stark verdünnt gekostet werden. Spez. Gew. bei $25^0 = 1,013—1,020$. Mischbar mit Alkohol (94,9 Vol. ^{0}/o) in allen Verhältnissen zu klaren Lösungen. Fügt man zu 3 g Senföl nach und nach 6 g Schwefelsäure unter Abkühlung, so entwickelt sich beim Umschütteln Schwefeldioxyd, die Lösung bleibt aber von einer hellgelben Farbe. Erst klar, wird sie später dick und gelegentlich kristallinisch und der stechende Geruch des Öles verschwindet.

Erwärmt man einen Teil des Öles in einem mit einem Kühler verbundenen Kolben, so soll es vollständig zwischen 148^0 und 152^0 destillieren und sowohl der erste wie auch der letzte Teil des Destillates sollen dasselbe spez. Gew. haben wie das Originalöl (Abwesenheit von Alkohol, Chloroform, Petroleum, fetten Ölen oder mehr als Spuren von Schwefelkohlenstoff). Verdünnt man einen kleinen Teil des Senföles mit 5 Raumteilen Alkohol und fügt 1 Tropfen Eisenchloridlösung hinzu, so darf eine blaue oder violette Farbe nicht entstehen (Abwesenheit von Phenolen).

Man wiege ungefähr 2 g Senföl ab, setze soviel Alkohol zu, daß 50 ccm 1 g des Öles enthalten; von dieser Lösung gebe man 5 ccm in einen 100 ccm Maßkolben, setze 30 ccm Zehntel-Normal-Silbernitratlösung und 5 ccm Salmiakgeist hinzu, verschließe die Flasche gut und stelle sie 24 Stunden an einen dunkeln Platz. Der Inhalt des Kolbens wird dann bis zur 100 ccm Marke mit Wasser verdünnt und filtriert. Zu 50 ccm Filtrat setze man: 4 ccm Salpetersäure und wenige Tropfen Ferriammonsulfatlösung und endlich soviel Zehntel-Normal-Kaliumsulfocyanatlösung, um eine dauernd rote Farbe zu erhalten. Nicht mehr als 5,6 ccm dieser Lösung dürfen dazu erforderlich sein. Jeder ccm Zehntel-Normal-Silbernitratlösung entspricht 0,00492 g Allylisothiocyanat.

Belgien III 1906. Essence de Moustarde. Sulfocyanate d'allyle.

Farblose oder gelbliche Flüssigkeit von starkem, reizendem Geruche, der Tränen verursacht, und brennendem Geschmacke; sehr wenig löslich in Wasser, sehr löslich in Alkohol (94,9 Vol. ^{0}/o), Äther und Schwefelkohlenstoff. Siedepunkt bei 149^0. Spez. Gew. bei $15^0 = 1,016—1,025$. Wenn man unter starker Abkühlung 3 g Senföl mit 6 g Schwefelsäure mischt und durchrührt, so findet eine Gasentwickelung statt. Die Lösung darf sich nicht färben, sie wird zähe, zuweilen kristallinisch und hat den charakteristischen Senfölgeruch verloren. Eine Lösung von 1 Teil Senföl in 10 Teilen Alkohol (94,9 $^0/_0$) darf durch einen Tropfen Eisenchloridlösung weder blau noch rot gefärbt werden.

In einem zu 100 ccm geeichten Glaskolben mischt man 0,1 g Senföl, 5 ccm Alkohol, 10 ccm Salmiakgeist und 50 ccm Halb-Normal-Silbernitratlösung. Man läßt 24 Stunden in Berührung unter häufigem Schütteln, füllt dann mit Wasser auf 100 ccm auf. Nach dem Filtrieren nimmt man 50 ccm des klaren Filtrates, fügt 4 ccm Salpetersäure, 1 ccm Ferriammonsulfat und Halb-Normal-Ammoniumsulfocyanatlösung bis zur Rotfärbung hinzu. Es sollen 14,9—15,5 ccm verbraucht werden.

Oleum Sinapis. Senföl.
Synthetisches Allylsenföl.

Deutsch-
land V
1910.

Gehalt mindestens 97 % Allylsenföl ($CH_2 : CH . CH_2 . NCS$ Mol.-Gew. 99,12).

Senföl ist eine stark lichtbrechende, optisch inaktive, farblose oder gelbliche, bei längerem Aufbewahren sich gelbfärbende Flüssigkeit. Es besitzt einen scharfen, zu Tränen reizenden Geruch. In Weingeist (90—91 Vol. %) ist Senföl in jedem Verhältnis löslich.

Spezifisches Gewicht bei $15^0 = 1,022—1,025$.

Gehaltsbestimmung. 5 ccm einer Lösung des Senföls in Weingeist (1 + 49) werden in einem Meßkolben von 100 ccm Inhalt mit 10 ccm Ammoniakflüssigkeit und 50 ccm $^1/_{10}$-Normal-Silbernitratlösung gemischt. Dem Kolben wird ein kleiner Trichter aufgesetzt und die Mischung 1 Stunde lang im Wasserbade erhitzt. Nach dem Abkühlen und Auffüllen mit Wasser auf 100 ccm dürfen für 50 ccm des klaren Filtrats nach Zusatz von 6 ccm Salpetersäure und 1 ccm Ferri-Ammoniumsulfatlösung höchstens 16,8 ccm $^1/_{10}$-Normal-Ammoniumrhodanidlösung bis zum Eintritt der Rotfärbung erforderlich sein, was einem Mindestgehalte von 97 % Allylsenföl entspricht (1 ccm $^1/_{10}$-Normal-Silbernitratlösung = 0,004956 g Allylsenföl, Ferri-Ammoniumsulfat als Indikator).

Vorsichtig aufzubewahren.

England
1898.

Volatile Oil of Mustard.

Destilliert aus schwarzen Senfsamen nach Maceration mit Wasser.

Farblos oder hellgelb, von intensivem, durchdringendem Geruche und sehr brennendem Geschmacke. Auf die Haut aufgetragen, erzeugt es sogleich Blasen. Spez. Gew. bei $15,5^0 = 1,018—1,030$. Es destilliert zwischen $147,2^0$ und $152,2^0$ und die ersten und letzten Teile des Destillates sollen dasselbe spez. Gew. wie das Originalöl haben. (Abwesenheit von Alkohol und Petroleum.)

Frank-reich 1908.

Isosulfocyanate d'Allyle. Oleum Sinapis aethereum.

Isosulfocyanallyl ist eine ölige Flüssigkeit, durchsichtig, stark lichtbrechend, farblos; spez. Gew. bei $+ 10^0 = 1,017$. Siedepunkt $+ 150^0$. Geruch und Geschmack sind stechend, stark reizend und Tränen verursachend. Auf der Haut zieht es stark Blasen. Es löst sich ein wenig in kochendem Wasser, das es auf lange Zeit verdirbt, leicht in Alkohol und Äther. Es muß ganz flüchtig sein. (Fette Öle.)

Vorsichtig mit der 10fachen Gewichtsmenge Schwefelsäure behandelt, soll es sich ganz auflösen (Petroleum, Schwefelkohlenstoff) zu einer kaum gelben Lösung (verschiedene flüchtige Öle und Kohlenwasserstoffe). Löst man es in Alkohol (95 Vol. %) auf und setzt offizinelle Eisenchloridlösung, angesäuert mit ein wenig Salzsäure, hinzu, so darf keine rote (Sulfocyanat) oder violette (verschiedene Verunreinigungen) Farbe entstehen.

Japan III 1907.

Oleum Sinapis aethereum. Volatile Oil of Mustard.

Das durch Destillation des Senfs mit Wasser erhaltene flüchtige Öl.

Klare, farblose oder gelbliche dünne Flüssigkeit mit mächtig reizendem Geruche. Klar mischbar in allen Verhältnissen mit Alkohol (90 Vol. %) und Schwefelkohlenstoff. Siedepunkt $148^0—152^0$, spez. Gew. bei $15^0 = 1,018—1,025$. Tropft man etwas Senföl in Wasser, so sinkt es in kleinen Tröpfchen auf den Boden, die keine weiße Farbe nach 1 Minute annehmen dürfen. Mischt man unter sorgfältigem Abkühlen 3 g Senföl allmählich mit 6 g Schwefelsäure und schüttelt, so entsteht unter Gasentwickelung eine klare gelbe Flüssigkeit, die allmählich dicker wird und selten erstarrt und Kristalle bildet und gleichzeitig den stechenden Geruch des Senföles verliert. Eine Lösung von 1 Volumen Senföl in 5 Volumen Alkohol (90 Vol. %) darf mit einigen Tropfen Eisenchloridlösung keine Färbung annehmen.

5 ccm Senföllösung in Alkohol (90 Vol. %) (1 : 50) bringe man in einen 100 ccm Kolben, füge 50 ccm Zehntel-Normal-Silbernitratlösung hinzu und 10 ccm Salmiakgeist (spez. Gew. $= 0,960$), verschließe den Kolben fest, stelle 24 Stunden beiseite und schüttele gelegentlich, verdünne bis auf 100 ccm mit Wasser und filtriere. 50 ccm des

klaren Filtrates sollen mit 6 ccm Salpetersäure und 2 ccm verdünnter Eisensulfatlösung (1 : 20) 16,6—17,2 ccm Zehntel-Normal-Ammoniumsulfocyanatlösung zur dauernden Rotfärbung nötig haben. Sorgfältig aufzubewahren.

Essenza di Senape. Isosolfocianato di Allile. Oleum volatile sinapis.

Italien
III 1909.

$$C_3H_5NCS = 99{,}11.$$

Leichtbewegliche, farblose Flüssigkeit, die mit der Zeit gelb und fast rot wird. Riecht sehr stark und stechend, reizt stark zu Tränen, Geschmack sehr beißend. Das künstliche Senföl hat eine Dichte bei 15^0 von 1,020; das echte Öl aus Samen bei 15^0 von 1,018 bis 1,025. Siedepunkt 148^0. Leicht löslich in Alkohol (90 Vol. %), Äther und Schwefelkohlenstoff, wenig löslich in Wasser (1 : 1000).

Kocht man einige Tropfen Senföl mit alkoholischer Kalilauge und verdünnt dann mit Wasser, so gibt die Lösung mit Nitroprussidnatrium eine violette Färbung. In einem tarierten Meßcylinder von 100 ccm Inhalt löst man 0,1 g Senföl in 5 ccm Alkohol ($95\,\%$) und fügt 10 ccm Salmiakgeist und 50 ccm Zehntel-Normal-Silbernitratlösung hinzu. Man überläßt die Mischung unter häufigem Schütteln 24 Stunden lang sich selbst, dann verdünnt man mit Wasser auf 100 ccm, filtriert 50 ccm ab, setzt zu diesen 4—5 ccm Salpetersäure, 1 ccm ammoniakalischer Eisenalaunlösung und läßt Tropfen auf Tropfen Zehntel-Normal-Ammoniumsulfocyanatlösung bis zur dauernden Rotfärbung hinzulaufen. Es müssen 9,5—10 ccm Zehntel-Normal-Ammoniumsulfocyanatlösung angewendet werden ($99-94\,\%$ Allylisosulfocyanat).

Oleum Sinapis. Mosterdolie.

Nieder-
lande IV
1905.

Das mit Wasserdampf erhaltene flüchtige Öl aus den Senfsamen, die vom fetten Öle befreit, gemahlen und 24 Stunden mit kaltem Wasser eingeweicht worden sind.

Dünne, klare, farblose oder gelbliche Flüssigkeit, Geruch und Geschmack stark stechend. Auf der Haut erzeugt sie bald Blasen.

Spez. Gew. bei $15^0 = 1{,}018 - 1{,}025$. Mit Alkohol (90 Vol. %) mischt sich Senföl in allen Verhältnissen. Schüttelt man 1 ccm Schwefelsäure mit 4 Tropfen Senföl, so entsteht allmählich eine völlig klare, geruchlose Lösung, die gelb, nicht aber braun gefärbt sein darf. Erwärmt man 1 g Senföl mit 1 g Alkohol (90 %) und 2 g Salmiakgeist auf ca. 50^0, so entsteht eine klare gelbe Lösung, die, auf dem

Wasserbade abgedampft, nach dem Erkalten eine feste Kristallmasse
hinterläßt. Sie soll mindestens 1 g wiegen und mit 2 ccm Wasser
erwärmt, eine klare Lösung von zwiebelartigem Geruch und abscheu-
lich bitterem Geschmack geben.

**Öster-
reich
VIII
1906.**

Oleum Sinapis aethereum.

Das aus den vom fetten Öle durch Auspressen befreiten, mit
Wasser angerührten Senfsamen destillierte Öl sei farblos oder gelblich,
klar, von sehr durchdringendem, scharfem Geruche, sehr brennendem
Geschmacke; es rötet die Haut. Spez. Gew. bei $15^0 = 1{,}016—1{,}025$.
Siedepunkt bei $148^0—152^0$. Leicht in Alkohol ($90^0/0$) und Äther,
wenig in Wasser löslich, die wässerige Lösung zersetzt sich bald.

3 g Senföl, langsam zu 6 g konzentrierter, abgekühlter Schwefelsäure zugesetzt, brausen beim Schütteln stark auf und bilden eine
dicke, gelbe Flüssigkeit. Die alkoholische Lösung des Senföles ($1 = 6$)
soll durch Zusatz einiger Tropfen Eisenchloridlösung nicht verändert
werden.

**Rußland
VI 1910.**

Oleum Sinapis aethereum.

Der entölte Samen vom Senf, Brassica nigra, wird 24 Stunden
gewässert und mit Wasserdampf destilliert.

Das ätherische Senföl ist dünn, durchsichtig, farblos oder gelblich, spez. Gew. bei $15^0 = 1{,}018 - 1{,}025$; Geruch durchdringend; auf
der Haut ruft es Blasen und Röte hervor; das Öl mischt sich in allen
Verhältnissen mit Alkohol (90 Vol. $^0/0$). Optisch ist es inaktiv und es
erstarrt nicht in der Kälte. Beim langsamen Mischen und starker
Abkühlung von 3 g Senföl und 6 g starker Schwefelsäure entsteht unter
Gasentwickelung eine dickliche Flüssigkeit, die den Senfgeruch verliert
und nicht selten zu einer Kristallmasse erstarrt. Das Senföl siedet
und destilliert bei $148^0—152^0$, wobei derjenige Teil des Öles, der
zuerst destilliert, dem letzten Teile des Destillates gleich ist. Sie
müssen das gleiche spez. Gew. haben, wie das Öl, das zuerst zur
Destillation genommen wurde. Die Lösung von 1 Teil Senföl in
5 Teilen Alkohol darf durch Eisenchlorid nicht anders gefärbt werden.
3 g Senföl werden in einem Kolben mit 3 g Alkohol ($90^0/0$) und 6 g
Salmiakgeist vermischt, geschüttelt und mehrere Stunden in kaltem
Wasser stehen gelassen. Es entsteht eine gelbliche Flüssigkeit mit
Ausscheidung von Kristallen. Man gießt die Flüssigkeit in kleinen
Portionen in eine tarierte Porzellanschale, verdampft auf dem Wasser-
bade zur Trockne, gibt die Kristalle hinzu und spült den Kolben

mit Alkohol nach, den man in die Schale gibt. Man dampft ab und trocknet bis zum konstanten Gewicht. Das Mehrgewicht in der Schale darf nicht weniger als 3,25—3,5 g betragen. Die erhaltenen Kristalle von Thiosinamin haben gewöhnlich eine braune Farbe, sie schmelzen bei 70^0 und lösen sich in 2 Teilen heißem Wasser zu einer durchsichtigen, bitteren Flüssigkeit, die blaues Lackmuspapier nicht rötet. Das ätherische Senföl soll vorsichtig aufbewahrt werden.

Aetheroleum Sinapis. Isorodanallyl. Senapsolja.

Schweden IX 1908.

Farbloses oder hellgelbes, dünnflüssiges, flüchtiges Öl mit sehr scharfem, zu Tränen reizendem Geruche, in allen Verhältnissen in Alkohol (90%), Äther, Benzol oder Schwefelkohlenstoff löslich.

Spez. Gew. bei $15^0 = 1,016—1,025$.

Senföl ist optisch inaktiv.

Wird eine Mischung von 1 Teil Senföl, 1 Teil Weingeist ($90\,\%$) und 2 Teilen Salmiakgeist auf ungefähr 50^0 erwärmt, bis die im Anfang von den Öltropfen milchige Flüssigkeit klar geworden ist, so setzt dieselbe nach dem Erkalten langsam farblose Kristalle mit zwiebelartigem Geruche ab. Bei der Destillation von Senföl muß die Hauptmenge bei 147^0-- 152^0 übergehen und der zuerst wie zuletzt übergehende Bruchteil sollen nicht wesentlich verschiedene spez. Gew. aufweisen. Mischt man zu 1 ccm Senföl langsam und unter Abkühlung $2-4$ ccm konzentrierter Schwefelsäure, so soll eine vollkommen klare, gelbe Flüssigkeit entstehen, die nicht den scharfen Geruch des Senföles hat. 5 ccm einer alkoholischen Lösung von Senföl ($1+5$) dürfen durch $1—2$ Tropfen Eisenchlorid nicht verändert werden.

Den Schwefelgehalt des Senföles bestimmt man auf folgende Weise:

5 g Senfspiritus (1 Teil Senföl und 49 Teile Alkohol (90%)) mische man mit 50 ccm Zehntel-Normal-Silbernitratlösung und 2 ccm Salmiakgeist in einem Meßcylinder, welcher 100 ccm Rauminhalt hat, und verschließe gut. Die Mischung, welche öfters umgeschüttelt wird, versetze man nach dem Erwärmen während einer Stunde auf ungefähr 75^0 mit 5 ccm Salpetersäure, 1 ccm Eisenalaun und soviel Wasser, daß das ganze Volumen 100 ccm ausmacht, schüttele um und filtriere durch ein trocknes Filter. Auf 50 ccm von dem Filtrat soll man mindestens 14,9, höchstens 16,7 ccm Zehntel-Normal-Ammoniumrhodanatlösung verbrauchen, bis die Flüssigkeit eine rote Farbe annimmt.

**Schweiz
IV 1907.**
Senföl. Essence de moutarde. Essenza di senape.

Das aus dem Samen von Brassica nigra (L.) Koch nach Einwirkung von Wasser durch Destillation mit Wasserdampf bereitete
ätherische Öl.

Senföl ist hellgelb, dünnflüssig, stark lichtbrechend. Auf die
Haut gebracht, wirkt es brennend und blasenziehend; sein Dampf
reizt die Augen. Die Reaktion des Senföles ist neutral. Sein
Siedepunkt liegt bei 147^0—152^0 und sein spez. Gew. beträgt bei
$15^0 = 1{,}016$—$1{,}030$. Senföl ist in jedem Verhältnis klar mischbar
mit Weingeist (90 Vol. $^0/_0$), Äther, Schwefelkohlenstoff, Amylalkohol,
Benzol oder Petroläther, sowie löslich in 10 T. verdünntem Weingeist
(68—69 Vol. $^0/_0$).

Versetzt man die weingeistige Lösung (1 : 5) mit ammoniaka-
lischem Silbernitrat, so entsteht alsbald ein schwarzer Niederschlag.
Eisenchlorid soll in einer gleichen Lösung keine Farbenreaktion erzeugen. Gießt man zu 3 g Senföl nach und nach unter guter Abkühlung 6 g Schwefelsäure, so tritt beim Umschütteln heftige Gasentwickelung ein. Nachdem diese beendet ist, resultiere eine gelbe,
vollständig klare, später bisweilen kristallinisch erstarrende Flüssigkeit, die den scharfen Senfgeruch gänzlich verloren hat.

Schüttelt man 3 g Senföl mit 3 g Weingeist und 6 g Ammoniak
in einem lose verkorkten Kölbchen, so scheiden sich, nachdem die
Mischung sich geklärt hat, nach dem Abkühlen und Schütteln farblose Kristalle von Thiosinamin ab. Die gelbe Mutterlauge wird
portionsweise in einem Schälchen auf dem Dampfbade eingedampft,
bis kein Ammoniak mehr zu riechen ist. Schließlich wird auch das
ausgeschiedene Thiosinamin zugegeben, das Kölbchen mit etwas
Weingeist nachgespült und der Gesamtinhalt des Schälchens auf
dem Wasserbade bis zum konstanten Gewichte erwärmt. Das Gewicht des Rückstandes betrage 3,25 bis höchstens 3,5 g. Sein Schmelzpunkt liegt etwa bei 70^0.

Senföl besitzt einen charakteristischen, sehr scharfen Geruch.
Vorsichtig aufzubewahren.

**Spanien
VII 1905.**
Esencia de Mostaza nigra.

Das durch Destillation mit Wasser aus den Samen des schwarzen
Senfs, nachdem sie vom fetten Öle befreit sind, erhaltene ätherische Öl.

Farbloses oder gelbliches Öl von betäubendem, zu Tränen
reizendem Geruche, Geschmack pikant und brennend. Siedepunkt

bei $+ 148^0$. Spez. Gewicht bei $15^0 = 1,018$. Sehr löslich in Alkohol (95 Vol. %), in Äther und in Chloroform und in 900 Teilen Wasser. An der Luft nimmt das Öl unter Zersetzung eine rötliche oder braune Farbe an. Gibt man einige Tropfen auf Papier, so dürfen keine dauernden Fettflecke hinterbleiben. Durch Zusatz weniger Tropfen Eisenchloridlösung zu einer Mischung aus 1 Teil Senföl und 5 Teilen Alkohol (95 Vol. %) darf weder eine rote noch eine blaue Färbung entstehen.

Oleum Terebinthinae.

Oil of Turpentine.

Flüchtiges Öl, frisch destilliert aus dem Terpentin.

Es soll in wohlverschlossenen Flaschen aufbewahrt werden.

Dünne farblose Flüssigkeit mit charakteristischem Geruch und Geschmack, die aber beide stärker und weniger angenehm durch Alter und Aussetzen an die Luft werden. Spez. Gew. bei $25^0 = 0,860$ bis 0,870. Wenn Terpentinöl destilliert wird, so soll der größte Teil zwischen 155^0 und 162^0 übergehen. Löslich in 3 Volumen Alkohol (95 Vol. %). Schüttelt man 5 ccm Terpentinöl mit gleichem Volumen Kalilauge, so darf es nach 24 stündigem Stehen nicht dunkler als nur leicht strohgelb werden. Verdampft man 1 ccm Terpentinöl auf einem kleinen Teller im Wasserbade, so darf nur ein ganz geringer Rest bleiben (Abwesenheit von Petroleum, Paraffinölen oder Kolophonium). Gießt man 3 Tropfen Terpentinöl auf weißes Filtrierpapier und setzt es der Luft aus, so soll es vollständig verdampfen, ohne einen bleibenden Fleck zu hinterlassen (Abwesenheit von Petroleum und Harzöl). Man gibt 5 ccm Terpentinöl in ein kleines Becherglas und setzt langsam 20 ccm Schwefelsäure unter beständigem Schütteln und unter dauerndem Abkühlen durch Einsetzen des Glases in kaltes Wasser zu. Den Inhalt des Glases bringe man in eine in $^1/_{10}$ ccm eingeteilte Bürette; die klare Schicht, die sich nach dem Absetzen der dunklen Masse bildet, soll nicht mehr als 0,35 ccm betragen (Abwesenheit von Petroleum, Benzin und ähnlichen Kohlenwasserstoffen).

Oleum Terebinthinae. Terpentinöl.

Das ätherische Öl der Terpentine verschiedener Pinus-Arten.

Terpentinöl ist eine farblose oder schwach gelbliche Flüssigkeit. Es riecht eigenartig und schmeckt scharf kratzend. Je nach der Herkunft ist es rechts oder linksdrehend (α D $^{20^0}$ $+ 15^0$ bis $- 40^0$)

Spezifisches Gewicht bei $15^0 = 0,860 - 0,877$.

Die Hauptmenge des Öles siedet zwischen $155^0 - 165^0$.

1 ccm Terpentinöl muß sich in 7 ccm Weingeist (90—91 Vol. $^0/_0$) klar lösen (Petroleum).

England 1898.

Oil of Turpentine.

Das gewöhnlich mit Hilfe von Dampf aus dem Balsam (Terpentin), erhalten aus Pinus silvestris und anderen Pinus-Arten, destillierte Öl, rektifiziert, wenn nötig.

Klares, farbloses Öl mit starkem, eigenartigem Geruch, der verschieden ist bei den verschiedenen Arten des Öles, und von scharfem, etwas bitterem Geschmack. Löslich in seinem eigenen Volumen Eisessigsäure. Es beginnt zu sieden bei etwa 160^0 und destilliert fast gänzlich unter 180^0, wobei wenig oder kein Rest bleibt.

Frank-reich 1908.

Essence de Térébenthine officinale. Oleum Terebinthinae aethereum.

Unter den verschiedenen Terpentinölen des Handels, die hergestellt werden durch Destillation des Terpentins diverser Coniferen mit Wasser, ist in Frankreich das aus Pinus Pinaster erhaltene Öl offizinell.

Das offizinelle Terpentinöl besteht größtenteils aus linksdrehenden Terpenen, es enthält aber auch diesen isomere Verbindungen und oft Oxydationsprodukte. Es bildet eine farblose, bewegliche Flüssigkeit von starkem, eigenartigem Geruche und scharfem, brennendem Geschmacke. Spez. Gew. bei $15^0 = 0,864$; sein Brechungsexponent ist 1,4648 bei 25^0. Siedepunkt gegen 156^0; es verflüchtigt sich ohne Rückstand, wenn es frisch rektifiziert ist. Sein Dampf entzündet sich leicht an der Luft und brennt mit einer klaren, stark rußenden Flamme. Das offizinelle Terpentinöl dreht den polarisierten Lichtstrahl nach links, sein spezifisches Drehungsvermögen beträgt — $40^0,32$. Unlöslich in Wasser, wenig löslich in schwachem Alkohol, löst sich Terpentinöl in 7 Teilen Alkohol (90 Vol. $^0/_0$); es ist in allen Verhältnissen mischbar mit absolutem Alkohol und Äther. Es löst fette Körper, Wachs, Kautschuk und zahlreiche organische Substanzen auf. Terpentinöl vereinigt sich allmählich mit Wasser, besonders an der Luft, indem es Kristalle von Terpinhydrat abscheidet. Oxydationsmittel, wie Salpetersäure, greifen Terpentinöl leicht an, oft mit Heftigkeit, indem sie seine Entzündung und oft sogar eine Explosion hervorrufen. Jod reagiert heftig auf Terpentinöl, entzieht ihm Wasserstoff und verwandelt es in Cymen. Der Luft ausgesetzt, nimmt es Sauerstoff auf, wird so sauer, gelb und zäher. Es soll sich gegen Lackmus neutral verhalten. (Organische Säuren.) Es soll sich ohne sehr merkbaren Rückstand verflüchtigen (Harze, Oxydationsprodukte).

In einen Kolben von 500 ccm Inhalt, der 20 g Terpentinöl enthält und mit einem Rückflußkühler versehen ist, läßt man tropfenweise unter Abkühlung 60 g offizineller Salpetersäure zulaufen; nach Beendigung der Reaktion wäscht man den Inhalt des Kolbens mit warmem Wasser aus, das die ganzen Oxydationsprodukte des Terpentinöles auflösen soll, ohne eine in Wasser unlösliche Flüssigkeit zu hinterlassen (Petroleum).

Oleum Terebinthinae. Turpentine Oil.

Japan III
1907.

Das durch Destillation von Terpentin mit Wasser erhaltene flüchtige Öl.

Farblose oder hellgelbe, dünne Flüssigkeit mit charakteristischem Geruche und stechendem Geschmacke. Löslich in 12 Teilen Alkohol (90 Vol. %). Die Hauptmenge des Öles geht zwischen 155° und 162° über. Spez. Gew. bei 15° = 0,865—0,875.

Terpentinöl darf keinen brenzlichen Geruch haben.

Essenza di Trementina. Acqua ragia depurata. Oleum volatile terebinthinae.

Italien
III 1909.

Klare, farblose Flüssigkeit, stark lichtbrechend, Geruch sehr durchdringend, aber nicht brandig, Geschmack scharf, bitterlich. Siedepunkt 155°—162°. Spez. Gewicht bei 15° = 0,865—0,875. Schwer löslich in Wasser, löslich in 12 Teilen Alkohol (90 Vol. %). In jedem Verhältnis löslich in absolutem Alkohol, Äther, Chloroform, Schwefelkohlenstoff, ätherischen und fetten Ölen. An der Luft verharzt das Öl.

Einige Tropfen, auf 0,2 g pulverisiertes Jod getropft, erzeugen auf der Stelle eine sehr lebhafte Reaktion und nach ihrer Beendigung entsteht ein Geruch nach Cymen, der an Cuminöl erinnert. Reagiert neutral. In nicht voller Flasche aufbewahrt, nimmt es eine gelbe Farbe an und bekommt saure Reaktion. Es muß sich ganz verflüchtigen. (Terpentin.)

Oleum Terebinthinae.

Niederlande IV
1905.

Das durch Destillation mit Wasser aus dem Terebinthina commune bereitete flüchtige Öl; dies ist ein aus den Stämmen ver-

10*

schiedener Pinusarten fließender Balsam. Das amerikanische Terpentinöl, welches meist gebraucht wird, wird aus dem Terpentin gewonnen, der von Pinus palustris Miller und Pinus Taeda Linné stammt.

Fast wasserklares Öl, fast farblos, fluoresziert nicht. Geruch eigenartig aromatisch, Geschmack bitterlich scharf. Spez. Gew. bei $15^0 =$ 0,860—0,890. Optische Drehung im 100 mm Rohr bei $15^0 = -3^0$ bis $+15^0$, meist $+10^0$ bis $+14^0$. Löslich 1 : 8 in Alkohol (90 Vol. %). 90% des Öles sollen zwischen 155^0 und 165^0 destillieren.

Öster-
reich
VIII
1906.

Oleum Terebinthinae.

Das durch Dampfdestillation aus Terebinthina commune gewonnene ätherische Öl sei klar, farblos oder wenig gelblich, von eigenartigem Terpentingeruche, stechendem, bitterlichem Geschmacke. Spez. Gew. bei $15^0 = 0{,}865—0{,}870$. Bei einer Temperatur von 160^0 beginnt es zu sieden. Aus der Luft zieht es Sauerstoff an und wird dicker. Terpentinöl soll sich klar in etwa acht Teilen Alkohol (90 Vol. %) lösen.

Rußland
VI 1910.

Oleum Terebinthinae crudum.

Es wird durch Destillation des gewöhnlichen Terpentins mit Wasser gewonnen. Terpentinöl ist flüssig, durchsichtig, farblos oder gelblich.

Spez. Gew. bei $15^0 = 0{,}860—0{,}875$; von eigenartigem Geruche und brennendem Geschmacke. Siedepunkt $150^0 - 162^0$. Löslich in 8—10 Teilen Alkohol (80 Vol. %); mit Jod explodiert es. An der Luft wird das Terpentinöl dicker und gelb und bekommt sauere Reaktion. Beim Mischen von gleichen Teilen Terpentinöl und Anilin muß die Flüssigkeit klar bleiben.

Schwe-
den IX
1908.

Aetheroleum Terebinthinae crudum. Rå terpentinolja.

Das aus Balsamum Terebinthina commune durch Destillation hergestellte flüchtige Öl.

Farbloses oder schwachgelbes, dünnflüssiges Öl mit starkem, eigentümlichem Geruche und brennendem Geschmacke. Siedepunkt $150^0—162^0$. Spez. Gew. bei $15^0 = 0{,}860—0{,}875$. Es darf keinen brandigen Beigeruch haben.

Aufzubewahren in gut geschlossenen Gefäßen.

Oleum Terebinthinae. Terpentinöl.

Schweiz
IV 1907.

Essence de térébenthine. Essenza di trementina.

Das durch Destillation des Terpentins von Pinus pinaster Solander (Pinus maritima Poiret) mit Wasserdampf dargestellte ätherische Öl.

Terpentinöl ist dünnflüssig, farblos oder blaßgelblich, stark lichtbrechend. Die Reaktion ist neutral oder schwach sauer. Sein spez. Gew. beträgt 0,859—0,876 bei 15° C. Zwischen 150° und 170° gehen 90% des Öles über.

Terpentinöl braucht zur klaren Lösung 5—12 Teile Weingeist (90 Vol. %); altes Öl löst sich leichter als frisch destilliertes. Mit dem gleichen Volumen und mehr absolutem Alkohol, mit Äther, Chloroform, Benzol, Petroläther oder fetten Ölen ist es klar mischbar. Mit Schwefelkohlenstoff gibt Terpentinöl eine klare bis schwach opalisierende Lösung. In 3—5 Teilen Essigsäure soll es sich klar lösen. Wird Terpentinöl mit gleichen Teilen einer Lösung von schwefliger Säure geschüttelt, so soll keine Gelbfärbung auftreten. Terpentinöl darf, auf dem Dampfbade verdunstet, höchstens 2% Rückstand hinterlassen. Terpentinöl hat einen charakteristischen Geruch und einen bitterlichen Geschmack.

Zur Behandlung der Phosphorvergiftung ist ein altes, peroxydhaltiges Terpentinöl vorrätig zu halten. Dasselbe gebe folgende Reaktion: 1 ccm Terpentinöl, mit der gleichen Menge frischbereiteter, weingeistiger Guajakharzlösung (1 = 5) vermischt und über 2 ccm sehr verdünnte, wässerige Blutlösung geschichtet, gebe an der Berührungsstelle eine allmählich eintretende, intensiv blaue Färbung.

Optische Drehung des französischen Öles — 20° bis — 40°, optische Dehnung des amerikanischen Öles bis + 14°17′ im 100 mm Rohr bei + 15°.

Esencia de Trementina.

Spanien
VII 1905.

Das ätherische Öl, erhalten durch Destillation des Terpentins verschiedener Arten des Geschlechtes Pinus, Coniferen, die in verschiedenen Gegenden Europas und Amerikas vorkommen.

Farbloses, durchsichtiges Öl, leichter als Wasser; sein spez. Gew. bei 15° beträgt 0,850 - 0,870; Geruch eigenartig, stark, Geschmack warm und brennend. Das europäische Öl dreht links, das amerikanische rechts.

Löslich in Äther, in Chloroform und absolutem Alkohol; auch soll es sich in 4 Teilen Alkohol (90 Vol. %) und 12 Teilen Alkohol (81 Vol. %) lösen. Reagiert stark mit Jod unter Geräusch und Entwickelung violetter Dämpfe. Mit Salzsäure bildet es eine Kristallmasse, mit Salpetersäure reagiert es sehr heftig.

Oleum Terebinthinae rectificatum.

Rectified Oil of Turpentine.

Amerika VIII 1905.

Eine passende Menge Terpentinöl,
eine genügende Menge Natriumhydroxydlösung.

Man schüttelt das Terpentinöl mit einem gleichen Volumen Natriumhydroxydlösung gründlich, bringt die Mischung in eine kupferne Destillierblase und verbindet diese mit einem gut wirkenden Kühler. Wenn man drei Viertel des Öles durch Destillation wieder erhalten hat, trennt man das klare Öl vom Wasser und filtriert. Das Produkt soll in gut verschlossenen, gelben Flaschen an einem kühlen Platze aufbewahrt werden.

Rektifiziertes Terpentinöl soll stets abgegeben werden, wenn Terpentinöl zum innerlichen Gebrauch verlangt wird.

Dünne, farblose Flüssigkeit, die dieselben Eigenschaften und Proben wie Terpentinöl haben soll. Spez. Gew. bei $25^0 = 0,860$ bis $0,865$.

Verdampft man im Porzellanschälchen etwa 10 ccm des Öles auf dem Wasserbade, so soll kein wägbarer Rest zurückbleiben.

Belgien III 1906.

Essence de Térébenthine.

Ein Produkt, durch Rektifikation von Terpentinöl erhalten, das von verschiedenen Pinus-Arten geliefert wird.

Farblose Flüssigkeit von eigenartigem Geruche und scharfem und beißendem Geschmacke; löslich in 12 Teilen Alkohol (95 Vol. %). Spez. Gew. bei $15^0 = 0,860—0,870$. Terpentinöl siedet zwischen 155^0 und 162^0. Seine alkoholische Lösung soll angefeuchtetes Lackmuspapier nicht röten.

Dänemark VII 1907.

Actheroleum Terebinthinae. Rectificered Terpentinolie.

Verschiedene Pinusarten. — Abietaceae.

Hergestellt durch Rektifikation von rohem Terpentinöl, das vorher durch Behandeln mit Kalkwasser von Säuren befreit ist.

Es ist dünnflüssig, klar und farblos. Geruch stark, eigentümlich, Geschmack brennend. Spez. Gew. bei $15^0 = 0{,}860 - 0{,}870$. Löslich in ungefähr 10 Teilen Weinsprit (90 Vol. %). Schüttelt man rektifiziertes Terpentinöl mit der gleichen Menge Wasser, so darf dieses nicht eine sauere Reaktion annehmen. Beim Verdampfen von 10 ccm Terpentinöl auf dem Wasserbade darf es nur eine Spur von einem fetten Rückstand hinterlassen.

Oleum Terebinthinae rectificatum.

Gereinigtes Terpentinöl.

Deutschland V
1910.

Terpentinöl . . . . 1 Teil
Kalkwasser . . . . 6 Teile.

Das Gemisch wird der Destillation unterworfen, bis ungefähr drei Viertel des Öles übergegangen sind. Dieses wird von der wässerigen Flüssigkeit klar abgehoben.

Gereinigtes Terpentinöl siedet bei $155^0 - 162^0$.

Spezifisches Gewicht bei $15^0 = 0{,}860 - 0{,}870$.

Gereinigtes Terpentinöl muß farblos sein; seine weingeistige Lösung darf angefeuchtetes Lackmuspapier nicht röten (verharztes Öl).

Oleum Terebinthinae rectificatum. Rectified Turpentine Oil.

Japan III
1907.

Man mischt 1 Teil Terpentinöl mit 6 Teilen Kalkwasser, schüttelt durch und destilliert das Öl. Sind ungefähr drei Viertel des Öles übergegangen, so trennt man es vom Destillat und filtriert durch trocknes Filtrierpapier.

Rektifiziertes Terpentinöl soll vollständig zwischen $155^0 - 162^0$ destillieren; sein spez. Gew. ist bei $15^0 = 0{,}860 - 0{,}870$. Klare, farblose Flüssigkeit mit neutraler Reaktion. Klar löslich in 5 bis 10 Teilen Weingeist (90 Vol.%).

Oleum Terebinthinae rectificatum. Gezuiverde terpentijnolie.

Niederlande IV
1905.

Man destilliert 1 Teil Terpentinöl mit 6 Teilen Wasser und ein wenig Kalkmilch, bis drei Viertel des Öles übergegangen sind. Das überdestillierte Öl wird vom anhaftenden Wasser befreit.

Klar, fast farblos; Geruch eigenartig, aromatisch, Geschmack bitterlich, scharf. Spez. Gew. bei $15^0 = 0{,}860 - 0{,}872$. Im gleichen Volumen Eisessigsäure löslich, auch in 6 Volumen Alkohol (90 Vol. %).

Diese Lösung darf angefeuchtetes blaues Lackmuspapier nicht röten. Siedepunkt zwischen 155⁰ und 165⁰.

**Öster-
reich
VIII
1906.**

Oleum Terebinthinae rectificatum.

Das aus dem Terpentinöl durch vorheriges Schütteln mit Kalkwasser oder Kaliumhydroxydlösung und Rektifikation gewonnene Öl sei klar, farblos; spez. Gew. bei 15 ^{0} = 0,860—0,870, in etwa 7 Teilen Alkohol 90 % löslich. Die Lösung darf angefeuchtetes Lackmuspapier nicht verändern. Siedepunkt 155⁰—162⁰.

**Rußland
VI 1910.**

Oleum Terebinthinae rectificatum.

Man erhält es durch Destillation des französischen Terpentinöles mit 6 Teilen Kalkwasser. Es ist unbedingt nötig, nicht mehr als drei Viertel des angewendeten Terpentinöles zu destillieren. Nach dem Destillieren wird das rektifizierte Öl vom Wasser getrennt und in gut geschlossenen Gefäßen verwahrt.

Das gereinigte Terpentinöl ist flüssig, durchsichtig und farblos. Spez. Gew. bei 15 ^{0} = 0,855—0,860. Siedepunkt 160⁰. Löslich in 12 Teilen Alkohol (90 Vol. %). Beim Abdampfen von 5 g gereinigten Terpentinöles im Porzellanschälchen auf dem Wasserbade darf kein Harzrückstand bleiben. Angefeuchtetes blaues Lackmuspapier darf durch 1 Tropfen gereinigten Terpentinöles nicht gerötet werden.

**Schwe-
den IX
1908.**

Aetheroleum Terebinthinae depuratum. Renad terpentinolja.

Terpentinöl roh,
Kalkwasser soviel wie erforderlich.

Das rohe Terpentinöl, welches durch Schütteln mit Kalkwasser von Säure befreit wird, destilliere man mit Wasserdampf und das übergegangene Öl scheide man vom Wasser ab.

Klares, farbloses, dünnflüssiges Öl, mit starkem, eigentümlichem Geruche und brennendem Geschmacke. Siedepunkt 155⁰—162⁰. Spez. Gew. bei 15 ^{0} = 0,860—0,870.

Schüttelt man 25 ccm gereinigtes Terpentinöl mit 5 ccm Alkohol 90 % und zwei Tropfen Phenolphthaleinlösung, so soll die Alkoholschicht nach Zusatz von 0,3 ccm Zehntel-Normal-Kalilauge eine deutliche rötliche Farbe annehmen. Gereinigtes Terpentinöl soll sich vollständig lösen in 10—12 Teilen Alkohol 90 %. 5 g gereinigtes Terpentinöl dürfen nach dem Abdunsten auf dem Wasserbade einen wägbaren Rest nicht hinterlassen.

Rektifiziertes Terpentinöl. Essence de térébenthine rectifiée. Essenza di trementina rettificata.

Schweiz
IV 1907.

Oleum Terebinthinae 1.

Calcium hydricum solutum 6.

Das Terpentinöl werde mit dem Kalkwasser geschüttelt und hierauf der Destillation unterworfen, bis drei Viertel des Öles übergegangen sind.

Das vom Wasser vollständig befreite, rektifizierte Öl ist klar, farblos, sehr dünnflüssig. Die weingeistige Lösung darf Lackmuspapier nicht verändern. Der Siedepunkt liegt zwischen 155^0 und 162^0. Sein spez. Gew. beträgt bei 15^0 0,860—0,871. Die Löslichkeitsverhältnisse sowie Geruch und Geschmack sind dieselben wie bei Oleum Terebinthinae.

Werden 10 g rektifiziertes Terpentinöl auf dem Dampfbade verdunstet, so soll das Gewicht des Rückstandes höchstens 0,05 g betragen.

Oleum Thymi.

Oil of Thyme.

Amerika
VIII
1905.

Das flüchtige Öl, destilliert aus den Blättern und blühenden Zweigen von Thymus vulgaris Linné (Labiaten), welches, wenn nach untenstehendem Prozeß verfahren wird, einen Gehalt von nicht weniger als 20 Vol. % Phenol aufweist. Soll in wohlverschlossenen, bernsteinfarbigen Flaschen an einem kühlen Orte, vor Licht geschützt, aufbewahrt werden.

Farblose Flüssigkeit mit dem starken Geruche des Thymian und aromatischem, stechendem, später kühlendem Geschmacke. Spez. Gew. bei $25^0 = 0,900—0,930$. Sie ist leicht linksdrehend, nicht mehr als $— 3^0$ im 100 mm Rohre bei 25^0. Thymianöl ist löslich in $^1/_2$ Volumen Alkohol (95 Vol. $^0/_0$), auch in 1—2 Volumen Alkohol (80 Vol. $^0/_0$). Mit 1 Tropfen Eisenchloridlösung soll es eine grünlichblaue, später ins Rötliche übergehende Farbe geben. Schüttelt man 1 ccm des Öles mit 10 ccm heißen Wassers und gibt die Flüssigkeit nach dem Erkalten durch ein nasses Filter, so darf das Filtrat durch 1 Tropfen

Eisenchlorid keine bläuliche oder violette Farbe annehmen. (Abwesenheit von Karbolsäure.)

Probe auf Thymol: In eine Bürette von 50 ccm Füllinhalt, die in $^1/_{10}$ ccm eingeteilt ist, bringe man 20 ccm Natriumhydroxydlösung (1 : 20), setze 10 ccm Thymianöl zu, verschließe die Bürette mit einem gut passenden Korken, schüttle die Mischung gründlich und lasse 12—24 Stunden stehen. Tropfen des Öles, die sich an die Seitenwand der Bürette setzen, sollen durch Schütteln und Drehen der Bürette gelöst werden. Wenn die alkalische Lösung klar geworden ist, notiere man die ccm des zurückbleibenden, phenolfreien Öles, ziehe sie von den angewendeten 10 ccm Öl ab und multipliziere den Rest mit 10. Die erhaltene Zahl ist gleich dem Prozentgehalte des Thymianöles an Phenol.

Aetheroleum Thymi. Timianolie.

Dänemark VII 1907.

Thymus vulgaris L. — Labiatae.

Das rektifizierte ätherische Öl vom blühenden Thymian.

Ein farbloses oder gelbliches, später rötlichgelbes Öl. Geruch stark, eigentümlich, Geschmack anhaltend brennend.

Spez. Gew. bei $15^0 = 0,900$—$0,930$. Löslich in seinem halben Raumgehalt 90 Vol.% Weinsprit.

Oleum Thymi. Thymianöl.

Deutschland V 1910.

Gehalt mindestens 20% Thymol und Carvacrol.

Das ätherische Öl des Thymians.

Thymianöl ist eine farblose, gelbliche oder schwach rötliche Flüssigkeit. Es riecht und schmeckt stark würzig.

Spezifisches Gewicht bei 15^0 nicht unter 0,900.

1 ccm Thymianöl muß sich in 3 ccm einer Mischung aus 100 ccm Weingeist (90—91 Vol. %) und 14 ccm Wasser klar lösen.

Gehaltsbestimmung. Schüttelt man 5 ccm Thymianöl mit einer Mischung aus 10 ccm Natronlauge und 20 ccm Wasser kräftig durch und läßt solange stehen, bis die Laugenschicht klar geworden ist, so darf die darauf schwimmende Ölschicht höchstens 4 ccm betragen, was einem Mindestgehalte von 20% Phenolen (Thymol und Carvacrol) entspricht.

Essence de Thyme. Oleum Thymi aethereum.

**Frank-
reich
1908.**

Das durch Destillation der blühenden Zweige des Thymian mit Dampf erhaltene Öl. Es enthält bis zu 30 % Phenole (Thymol und Carvacrol).

Thymianöl ist eine farblose oder blaßgelbe Flüssigkeit von pfefferartigem Geschmacke, deren Dichte bei 15⁰ 0,909—0,950 beträgt. Es löst sich in fetten Ölen. 1 Teil Thymianöl soll sich in 3 Teilen einer Alkoholmischung von 100 Volumteilen Alkohol 90 % und 14 Volumteilen Wasser zu einer klaren Flüssigkeit auflösen. In ein graduiertes Gefäß gießt man 10 ccm Natronlauge, 20 ccm destilliertes Wasser, setzt 5 ccm Thymianöl zu und schüttelt stark durch. Beim ruhigen Stehenlassen scheidet sich der unlösliche Teil ab; sein Volumen darf nicht mehr als 4 ccm betragen, was einen Gehalt von ungefähr 20 % Phenol für das untersuchte Öl anzeigt.

Oleum Thymi. Oil of Thyme.

**Japan III
1907.**

Ein flüchtiges Öl, erhalten durch Destillation mit Wasser aus den Blättern und Blütenspitzen von Thymus vulgaris Linné, die in der Blütezeit gesammelt sind.

Klare, farblose Flüssigkeit mit starkem, aromatischem Geruche und Geschmacke. Spez. Gew. bei 15⁰ über 0,900.

Fügt man zu 1 Teil Thymianöl 3 Teile einer Mischung aus 100 Volumen Alkohol (90 Vol. %) und 14 Volumen Wasser, so erhält man eine klare Lösung. Schüttelt man 5 ccm Thymianöl in einem Meßzylinder mit 30 ccm einer Mischung aus 10 ccm Natronlauge und 20 ccm Wasser und stellt bis zur Klärung der wässerigen Schicht beiseite, so darf die oben schwimmende Ölschicht nicht mehr als 4 ccm betragen.

Oleum Thymi.

**Rußland
VI 1910.**

Es wird durch Destillation des blühenden Krautes von Thymus vulgaris L. mit Wasser gewonnen.

Durchsichtige Flüssigkeit, farblos oder gelblich. Spez. Gew. bei 15⁰ = 0,900—0,910. Geruch stark aromatisch, ebenso der Geschmack. In allen Verhältnissen mit Alkohol (90 Vol. %) mischbar. Mischt man in einem graduierten Mischzylinder 5 ccm Thymianöl mit 30 ccm einer Lösung aus 10 ccm Natronlauge und 20 ccm Wasser, schüttelt durch und läßt bis zur Klärung des Wassers stehen, so darf die über demselben entstehende Ölschicht nicht mehr als 4 ccm betragen.

**Schweiz
IV 1907.** Oleum Thymi. Thymianöl. Essence de thyme. Essenza
di timo.

Das aus dem blühenden Kraute von Thymus vulgaris L. durch
Destillation mit Wasserdampf und Rektifikation erhaltene ätherische Öl.

Thymianöl ist farblos oder schwach rötlichgelb oder rotbraun.
Die Reaktion ist neutral oder schwach sauer. Sein spez. Gew. beträgt
bei 15^0 0,900—0,935.

Thymianöl löst sich klar in $^1/_2$ Teil Weingeist (90 Vol. $^0/_0$), ebenso
in 3 Teilen Weingeist von 80 Vol. $^0/_0$, ferner in jedem Verhältnis
in Essigsäure und in Petroläther.

In einen graduierten Zylinder bringt man 5 ccm Thymianöl
und 32 ccm 3 $^0/_0$-ige Natronlauge, verschließt mit einem Kork, schüttelt
anhaltend kräftig und stellt beiseite, bis beide Flüssigkeiten sich
scharf getrennt haben und klar geworden sind. Die obenstehende
Flüssigkeitsschicht soll höchstens 4 ccm betragen, was einem Minimalgehalt von 20 $^0/_0$ Phenolen im Thymianöl entspricht.

Thymianöl besitzt einen charakteristischen Geruch und einen
aromatischen Geschmack. Optische Drehung = ca. — 3^0 im 100 mm
Rohr bei 15^0 C, ab und zu schwach rechtsdrehend.

**Spanien
VII1905.**   Esencia de Tomillo.

Das durch Destillation mit Wasser aus den Spitzen des Thymian
erhaltene Öl.

Farbloses oder gelbliches Öl, neutral, linksdrehend, leichter als
Wasser, spez. Gew. bei 15^0 = 0,890. Es löst sich in seinem Volumen
an Alkohol (85 Vol. $^0/_0$). Löst Jod ohne Reaktion. Mit Schwefelsäure
gibt es eine trübe Lösung von roter Farbe, die sich in der Wärme
klärt und das Öl in öligen Tropfen ausscheidet.

Oleum Valerianae.

Oleum Valerianae.

**Öster-
reich
VIII
1906.**   Das aus der Baldrianwurzel destillierte ätherische Öl sei klar,
grünlichgelb oder bräunlichgelb, erst dünnflüssig, im Laufe der Zeit
dickflüssiger und zähe, von dem eigenartigen Geruche der Baldrianwurzel, aromatischem, kampferähnlichem Geschmacke, schwach sauerer

Reaktion. Spez. Gew. bei $15^0 = 0{,}930—0{,}960$; in Wasser kaum, in Alkohol (90 Vol. $^0/_0$) sehr leicht löslich.

Safrol.

Safrol.

Amerika
VIII
1905.

Der Methylenester des Allylpyrocatechols. Kommt vor im Kampferöl, Sassafrasöl und anderen ätherischen Ölen und soll, wenn nötig, durch wiederholtes Ausfrieren und Umkristallisieren gereinigt werden.

Farblose oder hellgelbe Flüssigkeit mit Sassafrasgeruch.

Spez. Gew. bei $25^0 = 1{,}105—1{,}106$. Siedepunkt ungefähr 233^0. Optisch inaktiv. Beim Abkühlen auf mindestens $— 20^0$ wird es zu einer festen Kristallmasse und schmilzt nicht unter $— 11^0$. Löslich in gleicher Menge Alkohol (94,9 Vol. $^0/_0$) und in 30 Teilen Alkohol (70 Vol. $^0/_0$). Mischbar in allen Verhältnissen mit Äther und Chloroform.

Styrax liquidus.

Storax.

Amerika
VIII
1905.

Ein Balsam, der aus dem Holze und der inneren Rinde von Liquidambar orientalis Miller (Fam. Hamamelideen) erhalten wird.

Halbflüssige, graue, zähe, undurchsichtige Masse, die beim Stehen eine schwere, dunkelbraune Schicht abscheidet. Durchsichtig in dünnen Lagen, von angenehmem Geruche und balsamischem Geschmacke. Unlöslich in Wasser, vollständig löslich mit Ausnahme von zufälligen Unreinigkeiten in gleicher Gewichtsmenge warmen Alkohols (94,9 Vol. $^0/_0$.) Die alkoholische Lösung reagiert sauer. Kühlt man sie ab, filtriert und verdampft, so sollen mindestens 70 $^0/_0$ des Originalgewichtes des Balsams als brauner, halbflüssiger Rest zurückbleiben, der in Äther und Schwefelkohlensloff vollständig löslich ist, aber unlöslich in Benzin.

Auf dem Wasserbade erhitzt, wird Storax dünnflüssig. Schüttelt man nun mit warmem Benzin, so wird die oben schwimmende Flüssigkeit, wenn sie abgegossen und der Kälte ausgesetzt worden ist, farblos sein und weiße Kristalle von Zimtsäure und Zimtestern ausscheiden.

Belgien
III 1906.

Styrax liquide.

Der Balsam aus der Rinde von Liquidambar orientalis Miller. Dicke, zähe, durchscheinende, bräunliche Flüssigkeit, schwerer als Wasser, von angenehmem Geruche und scharfem Geschmacke. Mit der gleichen Gewichtsmenge Alkohol (95 Vol. $^0/_0$) gibt sie eine klare, sauer reagierende Lösung. Styrax soll sich fast vollständig in Äther, Schwefelkohlenstoff und Benzol, nicht aber in Petroläther lösen.

Däne-
mark VII
1907.

Balsamum Styrax liquidus. Styraxbalsam.

Liquidambar orientalis Miller. Hamamelidaceae.

Er wird hergestellt durch Filtrieren des erwärmten Rohproduktes. Er bildet eine dickflüssige, zähe, graue bis graubraune Masse, riecht aromatisch und schmeckt aromatisch, etwas scharf und brennend. Steht er längere Zeit, so wird die oberste Schicht dunkelbraun.

Er löst sich größtenteils in gleicher Menge Weingeist (90 Vol. $^0/_0$); auf dem Wasserbade erwärmt, darf er nicht nach Terpentin riechen.

Erwärmt man 5 g Styrax mit 20 ccm Weingeist, so entsteht eine sauer reagierende Lösung, aus welcher sich nach kurzer Zeit ein graubrauner Bodensatz abscheidet, der, unter dem Mikroskop betrachtet, eine geringe Menge von Rinde und Holzteilen zeigt. Filtriert man diese weingeistige Lösung in eine Porzellanschale mit rundem Boden von ungefähr 8 cm Durchmesser und wäscht das Filter 3 mal mit je 10 ccm Weingeist aus, so soll nach dem Verdampfen des Weingeistes, nach $1\,^1/_2$ stündigem Stehen auf dem Wasserbade ein Eindampfungsrückstand von mindestens 3,25 g zurückbleiben; derselbe soll von rotbrauner Farbe sein, im warmen Zustande dickflüssig, nach dem Erkalten klebrig weich. Diese Masse soll etwas schwerer sein als eine Natriumchloridlösung $(1 + 10)$. Man prüft hierauf, indem man einige Tropfen des auf dem Wasserbade erwärmten Eindampfungsrückstandes in Natriumchloridlösung fallen läßt. Stößt man die Tropfen dann vorsichtig mit einer warmen Nadel unter die Oberfläche, so sollen sie untersinken.

Deutsch-
land V
1910.

Styrax crudus. — Roher Storax.

Der durch Auskochen und Pressen der Rinde und des Splintes verwundeter Stämme von Liquidambar orientalis Miller erhaltene Balsam.

Roher Storax ist eine graue, trübe, klebrige, zähe, dicke Masse von eigenartigem Geruche. Im Wasser sinkt roher Storax unter; dabei zeigen sich an der Oberfläche des Wassers nur höchst vereinzelte, farblose Tröpfchen. Wird roher Storax mit wenig Wasser gekocht und das Wasser heiß abfiltriert, so scheiden sich bald nach dem Erkalten kleine Kristalle aus; beim Erhitzen der heißen Lösung mit Kaliumpermanganatlösung und verdünnter Schwefelsäure tritt der Geruch nach Bittermandelöl auf.

10 g roher Storax geben mit dem gleichen Gewicht Weingeist (90—91 Vol. $^0/_0$) eine graubraune, trübe, nach dem Filtrieren klare, Lackmuspapier rötende Lösung. Beim Verdampfen des Weingeistes und Trocknen des Rückstandes bei 100^0 müssen mindestens 6,5 g einer in dünner Schicht durchsichtigen, halbflüssigen, braunen Masse hinterbleiben. Diese muß in Benzol fast völlig, darf aber in Petroleumbenzin nur teilweise löslich sein.

Das Gewicht des beim Lösen von rohem Storax in siedendem Weingeist hinterbleibenden Rückstandes darf nach dem Trocknen bei 100^0 höchstens 2,5 $^0/_0$ betragen.

Wird Styrax verordnet, so ist Styrax depuratus abzugeben.

Styrax depuratus. — Gereinigter Storax.

Deutschland V 1910.

Roher Storax wird durch Erwärmen auf dem Wasserbade von dem größten Teile des anhängenden Wassers befreit und in einem Teile Weingeist (90—91 Vol. $^0/_0$) gelöst. Die Lösung wird filtriert und eingedampft, bis der Weingeist verflüchtigt ist.

Gereinigter Storax ist eine braune, in dünner Schicht durchsichtige Masse von der Konsistenz eines dicken Extrakts. Er löst sich klar in einem Teile Weingeist und fast völlig in Äther, Schwefelkohlenstoff und Benzol, nur teilweise in Petroleumbenzin. Die gesättigte, weingeistige Lösung trübt sich auf Zusatz von mehr Weingeist.

Gereinigter Storax sinkt in Wasser unter; dabei zeigen sich an der Oberfläche des Wassers nur höchst vereinzelte, farblose Tröpfchen. Wird gereinigter Storax mit wenig Wasser gekocht und das Wasser heiß abfiltriert, so scheiden sich bald nach dem Erkalten kleine Kristalle aus; beim Erhitzen der heißen Lösung mit Kaliumpermanganatlösung und verdünnter Schwefelsäure tritt der Geruch nach Bittermandelöl auf. Gereinigter Storax darf durch Trocknen bei 100^0 höchstens 10 $^0/_0$ an Gewicht verlieren.

Prepared Storax.

Ein Balsam aus den Stämmen des Liquidambar orientalis Miller, gereinigt durch Lösung in Alkohol, Filtration und Verdampfung des Lösungsmittels.

Halbdurchsichtiger, bräunlichgelber, halbflüssiger Balsam mit starkem, angenehmem Geruche und balsamischem Geschmacke. Erhitzt man ihn im Reagenzglase, das man in heißes Wasser stellt, so wird der Balsam flüssiger, aber gibt keine Feuchtigkeit von sich. Kocht man ihn mit einer Lösung von Kaliumbichromat und Schwefelsäure, so entwickelt sich ein Geruch, der dem des ätherischen Bittermandelöles gleicht.

Styrax liquide. Styrax.

Der Balsam wird von Liquidambar orientalis (Hamamelideae) geliefert.

Dieser Balsam ist dunkel, dick, zähe, von der Konsistenz des Honigs, von gräulicher oder bräunlichgrauer Farbe. Er trennt sich gewöhnlich in zwei verschiedene Schichten, die untere grau und ziemlich dicht, die obere flüssiger und von dunklerer Farbe. Er wird mit der Zeit dicker, ohne in allen Fällen fest zu werden. Styrax hat einen stark anhaftenden, balsamischen Geruch, ähnlich dem des Tolubalsams; der Geschmack ist schwach, ein wenig scharf.

In ein Porzellanschälchen bringt man 5 g Styrax, 50 g Wasser und Kalkmilch im Überschuß und kocht 10 Minuten unter beständigem Rühren, filtriert, setzt zur Lösung einen Überschuß an offizineller Salzsäure und läßt kristallisieren. Man hebt die oben schwimmende Flüssigkeit ab und bringt den Kristallbrei in einen kleinen Kolben mit 0,2 g Kaliumpermanganat. Nun läßt man kochen; gleichzeitig mit der Reduktion des Salzes entwickeln sich nach Bittermandelöl riechende Dämpfe, welche von der Oxydation der Zimtsäure und ihrer Derivate herrühren.

In einem Porzellanschälchen erwärmt man auf dem Wasserbade gelinde 1 g Styrax, setzt 5 g Alkohol (90 Vol. $^0/_0$) zu und läßt die Lösung erkalten. Man filtriert durch ein mit Alkohol gewaschenes Filter, und sammelt die Flüssigkeit in einem kleinen, tarierten Kristallisiergefäße aus böhmischem Glase, erschöpft den unlöslichen Rückstand mit kaltem Alkohol, vereinigt alle Flüssigkeiten im Kristallisiergefäße und verdampft den Alkohol langsam auf dem Wasserbade.

Nach 1 Stunde wiegt man den erhaltenen zähen, wenig gefärbten Rückstand. Er darf nicht weniger als 0,65 g wiegen und soll sich mit Ausnahme einiger harziger Flocken in Äther lösen.

Styrax liquide purifié. Styrax depuratus.

Styrax . . . . . 200 g
Alkohol (90 Vol. $^0/_0$) . 200 g.

Man erwärmt den Styrax in einer Schale auf dem Wasserbade, so daß das meiste des in ihm enthaltenen Wassers entweicht, setzt den Alkohol zum heißen Rückstand, rührt durch, um eine homogene Mischung zu bekommen und seiht sofort durch. Die durchgeseihte Flüssigkeit erwärmt man auf dem Wasserbade bis zur Entfernung des Alkohols und gießt in ein Gefäß aus. Braune, klare, in dünner Schicht durchscheinende Masse von der Konsistenz eines weichen Extraktes. Sie löst sich fast gänzlich im gleichen Volumen Alkohol (90 Vol. $^0/_0$), Methylalkohol, Äther, Schwefelkohlenstoff. Diese Lösungen reagieren sauer auf Lackmuspapier und fallen durch Zusatz einer neuen Menge des Lösungsmittels aus.

Styrax liquidus. Liquide Storax.

Japan III
1907.

Der aus der Innenrinde von Liquidambar orientalis Miller durch Kochen mit Wasser und Auspressen erhaltene Balsam.

Graue, zähe Flüssigkeit mit angenehmem Geruche, die im Wasser untersinkt und dabei einige farblose Tropfen auf der Oberfläche hinterläßt. Mischt man 1 Teil Storax mit 10 Teilen Alkohol (90 Vol. $^0/_0$), so entsteht eine graubraune, trübe Flüssigkeit, die nach dem Filtrieren eine klare, sauer reagierende Lösung bildet. Diese hinterläßt, verdampft, eine braune, halbflüssige, in dünnen Schichten durchsichtige Substanz. Dieser Rest muß mehr als 65 $^0/_0$ des Balsams bilden. Er löst sich in Äther, Schwefelkohlenstoff und Benzol, ist aber fast vollständig unlöslich in Petrolbenzin. Zieht man Styrax mit siedendem Alkohol vollständig aus, so darf der unlösliche Rückstand höchstens 2,5 $^0/_0$ betragen.

Styrax depuratus. Purified Liquid Storax.

Man erwärme Styrax auf dem Wasserbade und entferne so den größten Teil des Wassers. Den Rest löse man in gleicher Menge Alkohol (90 Vol. $^0/_0$), filtriere und verdampfe das Filtrat, bis ein dickes Extrakt entstanden ist.

Braune, zähe Substanz, durchsichtig in dünnen Schichten. Klar löslich in gleichen Teilen Alkohol (90 Vol. %), in größerem Quantum aber trübe werdend. Auch löslich in Äther, Schwefelkohlenstoff und Benzol unter Hinterlassung einer kleinen Menge einer flockigen Substanz.

Italien III 1909.

Storace liquido.

Styrax liquidus. — Balsamo storace. — Stirace.

Ein Balsam, erhalten aus der Rinde von Liquidambar orientalis Miller (Saxifragaceae), einem Baume in Kleinasien und Syrien.

Flüssigkeit von der Konsistenz des Honigs, undurchsichtig und klebrig. Farbe graubraun oder grünlich. Mit der Zeit verdickt sie sich und wird an der Oberfläche fast schwarz. Geruch stark, Geschmack aromatisch, scharf. Schwerer als Wasser. Soll gereinigter oder präparierter Styrax verwendet werden, so löst man den rohen in Alkohol (90 Vol. %) oder besser in der Hälfte seines Gewichtes an Benzol, filtriert und dampft zur Honigkonsistenz ein. Größtenteils in Alkohol (90 Vol. %) löslich zu einer trüben Flüssigkeit von saurer Reaktion. Der gereinigte Storax ist fast völlig löslich in Äther, Chloroform, Benzol und Schwefelkohlenstoff. Kocht man den Balsam mit Kaliumbichromatlösung und Schwefelsäure, so entwickelt sich ein Geruch nach Bittermandelöl. Auf dem Wasserbade erwärmt, darf er keinen Terpentingeruch entwickeln, auch darf er nicht mehr als 15 % des eigenen Gewichtes verlieren. Mit Alkohol behandelt, darf er nicht mehr als 20 % Rückstand hinterlassen.

Niederlande IV 1905.

Styrax. Storax.

Der durch Kochen aus dem verwundeten Holze von Liquidambar orientalis gewonnene Balsam.

Ziemlich dicke, leimartige, gelbgraue, nicht durchscheinende Flüssigkeit. Geruch stark aromatisch, Geschmack aromatisch, ziemlich scharf. Styrax ist schwerer als Wasser. Auf dem Wasserbade erwärmt, darf Styrax keinen Geruch nach Terpentinöl zeigen. Kocht man 1 g Styrax mit 20 ccm Alkohol (90 Vol. %), so soll der ungelöst gebliebene Teil, bei 100° getrocknet, nicht mehr als 0,25 g betragen. Die erkaltete alkoholische Lösung bildet eine graue, trübe, sauer reagierende Flüssigkeit. In Äther ist Styrax unter Zurückbleiben der Beimengungen leicht löslich. In Petroläther löst sich nur soviel, daß nach Verdampfen des Petroläthers eine dünnflüssige Masse zurückbleibt.

Zum Gebrauche wird Styrax auf dem Wasserbade bei nicht mehr als 75° erwärmt, dann koliert.

Balsamum Styrax liquidus.

Öster-
reich
VIII
1906.

Liquidambar orientalis Miller, ein Baum Kleinasiens.

Der aus der Rinde des Baumes durch Kochen mit Wasser und Pressen hergestellte Balsam stellt eine halbflüssige, zähe, klebrige, in Wasser untersinkende und, mit ganz wenig Wasser gemischt, eine trübe Masse dar von graubräunlicher Farbe, von eigenartigem, starkem Geruche und aromatischem, etwas bitterem Geschmacke. Früher wurde der Balsam auf dem Wasserbade vom größten Teile des beigemischten Wassers befreit, jetzt soll er in gleichen Gewichtsteilen Alkohol gelöst und von der filtrierten Lösung der Alkohol verdampft werden.

Der so erhaltene gereinigte Styrax bildet eine braune, in dünner Schicht durchscheinende Masse von der Konsistenz eines dicken Extraktes, klar löslich in gleicher Gewichtsmenge Alkohol (90 Vol. %), in Äther, Schwefelkohlenstoff und Benzol, nicht in Petroläther. Mit Kaliumpermanganatlösung gelinde erwärmt, riecht er stark nach ätherischem Bittermandelöl.

100 Teile Balsam sollen mindestens 65 Teile gereinigten Styrax ergeben. Dieselbe Menge Balsam soll, mit kochendem Alkohol (90 Vol. %) gänzlich ausgezogen, nicht mehr als 2,5 Teile Rückstand hinterlassen. 100 Teile gereinigter Styrax dürfen nicht mehr als $^1/_2$ Teil Asche hinterlassen.

Styrax liquidus.

Rußland
VI 1910.

Liquidambar orientalis Miller, Hamamelidaceae.

Zähe, dicke, undurchsichtige, graue Masse, die durch Luftzutritt schwer eintrocknet, von der Konsistenz des Honigs. Schwerer als Wasser. Geruch aromatisch, Geschmack etwas scharf. Löslich in Alkohol, Äther, Benzol und Chloroform zu einer trüben Lösung von saurer Reaktion. Unter dem Mikroskop erscheint Styrax als eine kleinkörnige graue Masse mit farblosen Öltropfen. Eine dünne Schicht auf einem Objektglase bei 3—500 facher Vergrößerung an einem warmen Orte zeigt an den farblosen Rändern der Flüssigkeit Kristallnadeln von Styracin, dagegen im Innern der farblosen Öltropfen rechtwinklige Täfelchen und kurze Prismen von Zimtsäure.

Beim Erwärmen von 10 Teilen Styrax mit 10 Teilen Alkohol (90 Vol. %) erhält man eine trübe Lösung, die nach dem Filtrieren und Abdampfen einen braunen, halbflüssigen Rückstand hinterläßt von nicht weniger als 7 Teilen, in dem sich nach längerer Zeit Kristalle bilden. Zum Gebrauch des Styrax erwärmt man ihn zunächst in einem Wasserbade, um den größten Teil des Wassers zu verdampfen; dann löst man ihn in der gleichen Menge Alkohol (95 Vol. %), filtriert die Flüssigkeit und dampft sie ab.

Dieser gereinigte Styrax, Styrax depuratus, ist dann halbflüssig, braun, in dünnen Schichten durchsichtig und leicht in Alkohol (90 Vol. %), Äther, Schwefelkohlenstoff und Benzol löslich, wobei ein kleiner ungelöster, flockiger Rest bleibt.

Schweden IX 1908.

Balsamum Styrax liquidus. Styraxbalsam.

Er wird hergestellt aus Holz und Rinde von Liquidambar orientalis Miller.

Styraxbalsam soll durch Kolieren nach geringem Erwärmen im Wasserbade gereinigt werden. Graue oder graubraune, durch Wasserzusatz undurchsichtige, zähflüssige, klebrige Masse mit eigentümlichem, angenehmem Geruche und kratzendem, aromatischem Geschmacke. Styraxbalsam ist fast unlöslich in Wasser, aber zum größten Teil in 1 Teil warmem Alkohol (90 Vol. %) löslich. Eine Mischung von Styraxbalsam mit Alkohol 90 % gibt mit Zehntel-Normal-Kaliumpermanganatlösung einen starken Geruch nach Bittermandelöl. Beim Erwärmen im Wasserbade darf Styraxbalsam keinen Geruch nach Terpentin abgeben.

1 Tropfen warmer Styraxbalsam soll in einer Natriumchloridlösung (1 + 8) untersinken.

Mit Alkohol (90 Vol. %) soll Styraxbalsam eine sauer reagierende Lösung geben, die nach dem Filtrieren und Abdunsten des Alkohols einen zähen, durchsichtigen Rückstand hinterläßt, dessen Gewicht mindestens 65 % von dem in Anwendung gebrachten Balsam ausmacht.

Schweiz IV 1907.

Styrax liquidus. Styrax. Styrax liquide. Storace.

Der nach der Verwundung der Stämme sich bildende Harzbalsam von Liquidambar orientalis Miller.

Styrax ist ein dicker, zäher, grauer, klebriger, trüber, beim Erhitzen sich klärender Balsam, der in Wasser untersinkt und sich fast vollständig in Weingeist (90 Vol. %), Äther oder Amylalkohol, zum größten Teil in Chloroform und in Benzol, aber nur teilweise in Toluol und in Petroläther löst.

Erwärmt man Styrax in einem Reagenzglase, so bilden sich weiße Dämpfe und nach dem Erkalten zeigen die Wände des Glases zahlreiche kleine Kristalle. Kocht man Styrax mit wenig Wasser aus und filtriert heiß, so scheiden sich einige Zeit nach dem Erkalten kleine Kristalle aus und die Flüssigkeit riecht, mit Kaliumpermanganat und verdünnter Schwefelsäure erhitzt, nach Benzaldehyd. Extrahiert man eine kleine Menge Styrax mit viel Äther, filtriert und läßt sehr vorsichtig Schwefelsäure zu dem Filtrat fließen, so bildet sich eine rotbraune Zone und die über derselben stehende Schicht ist blaugrün.

Werden 10 g Styrax mit Weingeist vollkommen extrahiert, so soll das Gewicht des getrockneten Rückstandes nicht mehr als 3 dg betragen; dampft man den weingeistigen Auszug vorsichtig ein, so soll der Verdampfungsrückstand, bei 100° getrocknet, nicht weniger als 6 dg wiegen und sich klar in Äther und in Schwefelkohlenstoff lösen.

Zur Bestimmung der Säurezahl wägt man ein Becherglas von 150 ccm Inhalt mit einem Glasstäbchen, bringt mit letzterem ca. 1 g Styrax in das Becherglas, wägt von neuem und löst den Styrax in 50 ccm absoluten Alkohols in der Kälte. Man gibt dann 5 Tropfen Phenolphthalein hinzu und titriert bis zur Rotfärbung mit weingeistigem Halb-Normal-Kali. Die Anzahl der für 1 g Styrax verbrauchten ccm Lauge, mit 28,08 multipliziert, ergibt die Säurezahl. Diese betrage 60—75.

Zur Bestimmung der Verseifungszahl wägt man in derselben Weise ca. 1 g Styrax in ein Kölbchen von 250 ccm, übergießt mit 50 ccm Petroläther und 20 ccm weingeistigem Halb-Normal-Kali, läßt unter öfterem Umschwenken 24 Stunden stehen und titriert nach Zugabe von 4 Tropfen Phenolphthalein mit Halb-Normal-Schwefelsäure bis zum Verschwinden der Rotfärbung. Die Anzahl der für 1 g Styrax verbrauchten ccm Lauge, multipliziert mit 28,08, ergibt die Verseifungszahl. Diese betrage 100—140.

Styrax riecht eigenartig kräftig aromatisch nach Benzoe und Perubalsam und schmeckt gewürzhaft und kratzend. Nach dem Verbrennen soll Styrax höchstens 1 % Asche hinterlassen.

Zum Gebrauche ist **Styrax depuratus** zu verwenden, der durch Auflösen des Styrax liquidus in Äther, Filtrieren und vorsichtiges Abdampfen des Äthers erhalten wird. Gereinigter Styrax ist braun, von der Konsistenz eines weichen Extraktes, in dünner Schicht klar.

Estoraque liquido. **Spanien VII 1905.**

Der durch Auskochen und Auspressen der Rinde von Liquidambar orientalis Miller, einer Balsamifluaceae Kleinasiens, erhaltene Balsam.

Dicke Flüssigkeit von der Konsistenz des Terpentins, grau oder braun, undurchsichtig, Geruch stark balsamisch, Geschmack aromatisch, bitter und scharf. Durch längeres Stehenlassen teilt sich die Flüssigkeit in 2 Schichten, eine untere, dicke, undurchsichtige, graue und eine obere, schwärzliche, flüssige und durchsichtige. Durch Behandlung mit Alkohol löst sich ein Teil der Substanz und es bleibt ein halbflüssiger, brauner und durchsichtiger Rest (65 $^0/_0$), der in Äther und Schwefelkohlenstoff löslich sein soll. Erwärmt man eine dünne Schicht dieser Substanz sehr vorsichtig auf einem Objektgläschen, so gewahrt man unter dem Mikroskop, daß sich ringsherum Kristallnadeln und Federn von Styracin und im Mittelpunkte der durchsichtigen und wasserklaren Masse andere prismatisch-tafelförmige Kristalle von Zimtsäure gebildet haben.

Vor dem Gebrauch soll Styrax durch Auflösen in warmem Alkohol, Filtrieren und Verdampfen des Alkohols bis zum Hartwerden des weichen Extraktes gereinigt werden.

Thymolum.

Amerika
VIII
1905.

Thymol.

Ein Phenol, das im Öle von Thymus vulgaris und einigen anderen flüchtigen Ölen vorkommt. Es soll in gutverschlossenen Flaschen aufbewahrt werden.

Große, farblose, durchsichtige, rhombische Prismen mit aromatischem, thymianartigem Geruche und stechendem, aromatischem Geschmacke und ganz geringer ätzender Einwirkung auf die Lippen. Die spez. Schwere als feste Masse ist 1,030; durch Schmelzen aber verflüssigt, ist es leichter als Wasser. Es schmilzt bei $+$ 50 bis $+$ 51^0, bleibt dann flüssig bis zu beträchtlich niedrigeren Temperaturen. Mit gleicher Menge Kampfer, Chloralhydrat oder Menthol verrieben, verflüssigt es sich. Löslich in 1100 Teilen Wasser bei 25^0 und in weniger als in seinem eigenen Gewicht Alkohol (95 Vol. $^0/_0$), Äther und Chloroform. Löslich in Eisessigsäure und fetten und flüchtigen Ölen. Die alkoholische Lösung ist optisch inaktiv. Löst man einen ganz kleinen Kristall Thymol in 1 ccm Eisessigsäure auf, fügt dann 6 Tropfen Schwefelsäure und 1 Tropfen Salpetersäure hinzu, so wird die Flüssigkeit bei auffallendem Lichte eine tief blaugrüne Farbe annehmen. Erhitzt man 1 g Thymol mit 5 ccm 10$^0/_0$ Natronlauge im Reagenzglase im Wasserbade, so soll eine klare, farblose oder sehr gering rötliche Lösung entstehen, die allmählich dunkler wird, aber keine Öltropfen absondern darf. Setzt man einige Tropfen Chloroform zu und schüttelt um, so soll eine violette Farbe entstehen. Die alkoholische Lösung von Thymol darf durch Eisenchloridlösung nicht gefärbt werden. Erwärmt man einen Thymolkristall im offenen Schälchen oder auf einem Uhrglase auf dem Wasserbade, so soll er sich allmählich ohne Rückstand verflüchtigen. Abwesenheit von anorganischen Verunreinigungen.

Thymol. Essence de thym. Acide thymique.

Belgien III 1906.

Farblose, durchscheinende Kristalle von eigenartigem Geruche, beißendem, pfefferartigem Geschmacke, sehr wenig in Wasser, sehr in Alkohol, Äther, Chloroform und wässerigen Lösungen der Alkalien löslich.

Thymol schmilzt bei $+50^0$ bis $+51^0$ und siedet bei 230^0. Seine Lösung (1:4) in Schwefelsäure, abgekühlt, färbt sich gelb und wird unter der Einwirkung von Wärme rosenrot. Man löst diese Flüssigkeit im 10 fachen ihres Volumens Wasser und digeriert unter häufigem Schütteln mit einem Überschuß von Chlorbaryum. Das Filtrat nimmt nach Zusatz von einigen Tropfen Eisenchloridlösung eine intensiv violette Farbe an. Die wässerige Lösung des Thymols wird trübe oder milchig durch Zusatz von Bromwasser, aber es bildet sich kein kristallinischer Niederschlag. Durch Eisenchlorid wird sie nicht gefärbt. 0,1 g Thymol soll, auf dem Wasserbade eingedampft, keinen nennenswerten Rückstand hinterlassen. Vor Licht und Luft zu schützen.

Thymolum. Tymol.

Dänemark VII 1907.

Farblose, durchscheinende Kristalle mit Geruch nach Thymian, Geschmack aromatisch, brennend. Thymol schmilzt bei 51^0 bis 52^0, siedet bei 228^0 bis 230^0 und ist beim Erwärmen auf dem Wasserbade vollständig flüchtig. Das geschmolzene Thymol schwimmt auf dem Wasser, während seine Kristalle darin zu Boden sinken. Thymol löst sich in 1100 Teilen Wasser, sehr leicht in Weinsprit (90 Vol. $^0\!/\!_0$), Äther und Chloroform; es löst sich in 2 Teilen Natronlauge. Mischt man 2 Teile einer gesättigten wässerigen Lösung von Thymol mit 1 Teil Eisessig und setzt 5 Teile Schwefelsäure hinzu, so entsteht eine schöne, rotviolette Farbe, welche sich beim Kochen nicht verändert. Erwärmt man einen kleinen Thymolkristall mit einigen Tropfen Chloroform, so entsteht eine schöne, rotviolette Farbe. Eine gesättigte wässerige Lösung von Thymol soll neutral reagieren und darf sich durch Zusatz von Eisenchloridlösung nicht violett färben. In wohlverschlossener Büchse aufzubewahren.

Deutsch-
land V
1910.

Thymolum. Thymol.

$$C_6H_3{\overset{\displaystyle CH_3}{\underset{\displaystyle OH}{\text{—CH }(CH_3)_2}}} \quad [1, 4, 5] \text{ Mol.-Gew. } 150{,}11.$$

Ansehnliche, farblose, durchsichtige, nach Thymian riechende, würzig und schwach brennend schmeckende Kristalle. Thymol löst sich in weniger als 1 Teil Weingeist (90—91 Vol.%), Äther, Chloroform sowie in 2 Teilen Natronlauge und in etwa 1100 Teilen Wasser. In Wasser sinkt Thymol unter; geschmolzenes Thymol schwimmt dagegen auf Wasser. Mit Wasserdämpfen ist Thymol leicht flüchtig.

Erstarrungspunkt 49^0 bis 50^0.

Die Lösung eines Kriställchens Thymol in 1 ccm Essigsäure wird durch 6 Tropfen Schwefelsäure und 1 Tropfen Salpetersäure schön blaugrün gefärbt.

In einer wässerigen Thymollösung wird durch Bromwasser eine milchige Trübung, jedoch kein kristallinischer Niederschlag hervorgerufen (Phenol). Die Lösung des Thymols in Wasser darf Lackmuspapier nicht verändern und durch Eisenchloridlösung nicht violett gefärbt werden (Phenol).

Thymol muss sich beim Erhitzen im Wasserbade verflüchtigen und darf höchstens 0,1 Prozent Rückstand hinterlassen.

England
1898.

Thymol.

Kristallinische Masse aus den flüchtigen Ölen von Thymus vulgaris, Monarda punctata und Carum copticum, gereinigt durch Umkristallisieren in Alkohol.

Lange, schiefprismatische Kristalle mit dem Geruche des Thymian und scharfem, aromatischem Geschmacke. Sie sinken in Wasser unter, erhitzt man die Mischung aber auf $43{,}3^0$ bis $51{,}7^0$, so schmelzen sie und steigen an die Oberfläche. Fast unlöslich in kaltem Wasser, leicht löslich in Alkohol (90 Vol. %), Äther und Alkalienlösungen. Die Kristalle verflüchtigen sich vollständig bei der Temperatur eines Wasserbades. Eine Lösung von Thymol in der Hälfte seines Volumens Eisessigsäure, erwärmt mit gleichem Volumen Schwefelsäure, gibt eine rötlichviolette Farbe.

Thymol. Acide thymique.

Frank-
reich
1908.

Thymol, der Grundstoff der ätherischen Öle von Ptychotis ajowan, Monarda punctata usw., kristallisiert in farblosen Tafeln oder rhomboedrischen, schiefen Prismen von speziellem Geruche. Seine Dichte ist ungefähr 1,06, Schmelzpunkt 51,5⁰, Siedepunkt 232⁰. Thymol löst sich in 1200 Teilen Wasser bei gewöhnlicher Temperatur, es ist sehr löslich in Alkohol, Äther, Chloroform, Petroläther, Schwefelkohlenstoff und auch in Essigsäure. Die wässerige Lösung reagiert neutral gegen Lackmuspapier; verdampft man sie auf dem Wasserbade, so soll sie sich ohne Rückstand verflüchtigen. Die alkoholische Lösung, die neutral gegen Lackmus ist, soll sich durch Eisenchlorid nicht färben. Thymol löst sich in Alkalilösungen unter Bildung von Alkalithymolaten. Mit gewissen Alkoholen und Phenolen, wie z. B. Menthol, gemischt, gibt Thymol eine Mischung, die flüssig wird. Verreibt man 1 Thymolkristall mit festem Kaliumhydroxyd und benetzt die Mischung mit Chloroform, so soll eine violette Farbe entstehen. Setzt man zu 2—3 Teilen offizineller Schwefelsäure 1 Teil Thymol, das man vorher in ganz wenig Eisessigsäure aufgelöst hat, so soll die erhitzte Masse eine violette Farbe annehmen. Die wässerige Thymollösung wird durch Bromwasser trübe, aber aus der milchigen Trübung darf sich kein Niederschlag abscheiden. Dieselbe wässerige Lösung darf durch Eisenchlorid nicht gefärbt werden (Phenol). Verreibt man 1 g Thymol mit 6 ccm 10⁰/o wässeriger Kalilauge, so soll man eine gleichartige Flüssigkeit erhalten (Kohlenwasserstoffe). Bei Abwesenheit anderer Phenole kann man Thymol als Dijoddithymol bestimmen. Hierzu löst man allmählich ein bestimmtes Gewicht an Thymol in Natronlauge, filtriert nötigenfalls und versetzt allmählich mit einem geringen Überschuß an Jodjodkalilösung. Es entsteht eine reichliche rötliche Fällung, die alles Thymol als Dijoddithymol enthält. Man wäscht diesen Niederschlag, sammelt ihn, trocknet ihn an der freien Luft und wiegt. 178 Teile der Jodverbindung entsprechen genau 100 Teilen Thymol. Dijoddithymol enthält 45,5⁰/o Jod.

Thymolum. Thymol.

Japan III
1907.

Farblose, durchsichtige, lange Kristalle mit aromatischem Geruche und Geschmacke. Fast unlöslich in Wasser, aber leicht löslich in Alkohol, Äther, Chloroform und in 2 Teilen Natronlauge. Thymol verflüchtigt sich auf dem Wasserbade vollständig; es sinkt in Wasser unter. Beim Erhitzen schmilzt es und wird zu einer farblosen, öligen Flüssigkeit, die auf der Oberfläche des Wassers schwimmt. Schmelzpunkt $+50^0$ bis $+51^0$, Siedepunkt 228^0 bis 230^0. Löst man 1 Teil Thymol in 4 Teilen Schwefelsäure und erwärmt leicht, so entsteht eine blutrote Färbung. Löst man 1 Kristall Thymol in 1 ccm Eisessigsäure und fügt 6 Tropfen Schwefelsäure hinzu, so nimmt die Lösung mit 1 Tropfen Salpetersäure eine tiefblaue Färbung an. Eine gesättigte wässerige Lösung zeigt neutrale Reaktion und zeigt mit Bromwasser eine milchige Trübung. Dieselbe wässerige Lösung darf mit Eisenchloridlösung keine Färbung annehmen.

Auf dem Wasserbade erhitzt, darf 0,1 g Thymol keinen wägbaren Rest hinterlassen.

Italien III 1909.

Timolo. Thymolum.

Parametilisopropilfenolo — Acido timico.

$C_{10}H_{14}O = 150,11.$

Sechseckige, farblose, durchsichtige Kristalle von charakteristischem Geruche wie Thymianöl, von dem es stammt. Geschmack aromatisch, ziemlich stechend. Schmilzt bei 50^0 bis 51^0, Siedepunkt zwischen 228^0 und 230^0. Wenig löslich in Wasser (1 : 1200). Löslich in weniger als in seinem eigenen Gewicht an Alkohol (90 Vol. $^0/_0$), sehr löslich in Äther, Essigsäure und in fetten Ölen.

Ein Thymolkristall, verrieben mit ein wenig festem Kaliumhydroxyd und einigen Tropfen Chloroform, nimmt eine violette Färbung an. Die wässerige Lösung ist neutral und wird mit Eisenchlorid nicht violett (Phenol).

0,05 g Thymol, auf dem Wasserbade erwärmt, verflüchtigt sich vollständig (fette Substanzen).

Niederlande IV 1905.

Thymolum.

Farblose, durchsichtige, aber oft an der Außenkante nicht glänzende Kristalle, hexagonal, halb rhomboedrisch, von eigenartigem Geruche. Schmelzpunkt $+ 49^0$ bis $+ 50^0$. Siedepunkt $232^0 — 234^0$. Thymolkristalle sinken im Wasser zu Boden, bildet man aber Thymoltröpfchen durch Erwärmen von Thymol-Kristallen in Wasser, so schwimmen diese oben. Thymol löst sich 1 : 1175 in Wasser, 1 : 0,4 in Alkohol (90 Vol. $^0/_0$), leicht in Chloroform und Äther. Diese Lösung reagiert neutral. Löst man 0,005 g Thymol in 5 ccm Wasser, setzt 1 Tropfen Natronlauge hinzu und soviel Jodlösung, daß eine gelbliche Farbe entsteht, und erwärmt, so wird die Lösung rot und es scheiden sich rote Flocken aus. Löst man Thymol in Wasser bis zur Sättigung, so wird es durch Zusatz von Bromwasser getrübt, aber eine Flockenfällung findet nicht statt. Eine gesättigte wässerige Thymollösung darf durch Eisenchlorid nicht blau gefärbt werden (Phenol).

0,1 g Thymol soll sich, auf dem Wasserbade erwärmt, verflüchtigen und kein wägbarer Rückstand bleiben.

Thymolum.

Österreich VIII 1906.

Tafelförmige, farblose, durchscheinende Kristalle, nach Thymianöl riechend, von aromatischem, brennendem Geschmacke. Sie verflüssigen sich bei einer Wärme von 50⁰ bis 51⁰ und sind in ca. 1100 Teilen Wasser, leicht in Alkohol (90 Vol. %), Äther, Chloroform und auch in Natronlauge löslich. Ein ins Wasser geworfener Kristall sinkt zu Boden, verflüssigt, schwimmt er auf dem Wasser. Thymol löst sich bei gewöhnlicher Temperatur in der 4 fachen Gewichtsmenge konzentrierter Schwefelsäure. Die gelbliche Lösung soll durch Erwärmen ins Rosenrote übergehen. Wird diese Lösung in die zehnfache Menge Wasser gegossen und mit Bleikarbonat übersättigt, so erhält man ein Filtrat, das durch Zusatz von ganz wenig Eisenchloridlösung eine blauviolette Farbe annimmt. Die wässerige Thymollösung reagiert neutral; durch Zusatz von Eisenchloridlösung soll keine violette Farbe entstehen.

0,1 g Thymol verflüchtigt sich im offenen Porzellanschälchen auf dem Wasserbade, ohne einen wägbaren Rückstand zu hinterlassen.

Thymolum.

Rußland VI 1910.

Farblose, durchsichtige Kristalle, Geschmack würzig und beißend, Geruch nach Thymian. Sie schmelzen bei + 50⁰ bis + 51⁰ zu einer farblosen oder kaum gelblichen, durchsichtigen Flüssigkeit, die bei 228⁰—230⁰ siedet und, ohne sich zu zersetzen, destilliert. Thymol löst sich leicht in Alkohol (90 Vol. %), Äther, Chloroform, Benzin, fetten und ätherischen Ölen, in Alkalilösungen und ungefähr in 1100 Teilen Wasser. Thymol ist leicht flüchtig mit Wasserdampf.

Beim Lösen von Thymol in 4 Teilen kalter Schwefelsäure erhält man eine gelbliche Flüssigkeit, die beim leichten Anwärmen eine rosenrote Farbe annimmt. 1 Volumen dieser Lösung, sorgfältig vermischt mit 10 Volumen Wasser, gibt beim Filtrieren, nach der Neutralisation der Lösung durch Bleikarbonat im Überschuß, eine durch-

sichtige, farblose oder wenig gefärbte Flüssigkeit, die sich durch
1 Tropfen Eisenchloridlösung violett färbt. 1 Thymolkristall, der in
1 ccm Essigsäure aufgelöst ist, nimmt durch Zusatz von 6 Tropfen
Schwefelsäure und 1 Tropfen Salpetersäure eine schöne blaugrüne
Färbung an. Beim Zusatz von Bromwasser zur wässerigen Lösung
von Thymol entsteht eine milchige Trübung, jedoch kein kristallinischer Niederschlag. Eine wässerige Lösung von Thymol muß neutral sein und darf beim Vermischen mit 1 Tropfen Eisenchloridlösung keine violette Färbung annehmen.

0,1 g Thymol muß sich beim Erwärmen in einem Porzellanschälchen auf dem Wasserbade ohne Rest verflüchtigen.

**Schwe-
den IX
1908.**

Thymolum. Tymol.

Farblose, durchscheinende Kristalle mit eigentümlichem Geruche
und scharfem, brennendem Geschmacke; löslich in 1100 Teilen Wasser,
100 Teilen Glycerin, sehr leicht in Alkohol (90 Vol. %), in Äther und
in Chloroform. Löslich ebenso in fetten und in flüchtigen Ölen wie
in Natronlauge. Schmelzpunkt $+ 50^0$ bis $+ 52^0$, Siedepunkt 228^0
bis 230^0. Thymol sinkt in kaltem Wasser unter, aber beim Erwärmen
flüchtet sich das geschmolzene Thymol auf die Oberfläche des Wassers.
Eine mit 5—6 Tropfen konzentrierter Schwefelsäure versetzte Lösung
von einem kleinen Thymolkristall in 1 ccm konzentrierter Essigsäure
färbt sich durch einen Tropfen Salpetersäure intensiv blaugrün. Eine
gesättigte wässerige Lösung von Thymol soll neutrale Reaktion haben
und darf mit Eisenchloridlösung keine violette Farbe annehmen.

0,2 g Thymol soll, im Wasserbade verdampft, keinen wägbaren
Rückstand hinterlassen.

In gut geschlossenen Büchsen aufzubewahren.

**Schweiz
IV 1907.**

Thymolum. ,Thymol. Timolo.

Große, farblose, nach Thymian riechende und schmeckende Kristalle
vom Schmelzpunkte 50^0 bis 51^0 und Siedepunkte 228^0—230^0, löslich
in etwa 1100 Teilen Wasser, in 100 Teilen Glycerin, in weniger als
1 Teil Weingeist (90 Vol. %), Äther oder Chloroform, sowie in zwei
Teilen Natronlauge. Thymol wird auch von ätherischen und fetten
Ölen gelöst. In kaltem Wasser sinkt es unter, steigt beim Erwärmen
und Schmelzen an die Oberfläche und verflüchtigt sich beim Kochen
mit den Wasserdämpfen. Die kalt bereitete Lösung von Thymol in
Schwefelsäure ist gelblich, wird aber beim Erwärmen orangerot; die

Lösung eines Kristallfragmentes Thymol in 1 ccm Essigsäure färbt sich durch ein Gemisch von 6 Tropfen Schwefelsäure und 1 Tropfen Salpetersäure dunkelblaugrün, im durchfallenden Lichte rotviolett.

Wird Thymol mit Chloroform und Kalilauge erwärmt, so nimmt die Mischung eine rotviolette Farbe an und bei längerem Stehen bildet sich zwischen den beiden Flüssigkeiten eine rote Zone. Wird Thymol mit der gleichen Menge Kampfer, Menthol oder Chloralhydrat verrieben, so verflüssigen sich die Mischungen. Die Lösung des Thymols reagiere neutral, werde durch Zusatz von Bromwasser bis zur bleibenden Gelbfärbung nur milchig getrübt, aber nicht kristallinisch gefällt (Karbolsäure) und durch Eisenchloridlösung nicht violett gefärbt.

2 dg Thymol sollen sich bei Dampfbadtemperatur verflüchtigen, ohne einen Rückstand zu hinterlassen.

Timol.

Spanien VII 1905

Große klinorhombische Prismen mit dem starken Geruche nach Thymian. Geschmack pikant und herb. Thymol schmilzt bei 44°, es zeigt die Erscheinung des Überschmelzens. Siedepunkt bei 230°; wenig löslich in Wasser (1 : 340 höchstens) und sehr löslich in Alkohol (95 Vol. $^0\!/_0$), Äther, konzentrierter Essigsäure, fetten Körpern und in den Alkalien. Die wässerige Lösung ist neutral und darf sich nicht durch Eisenchlorid färben. Beim Erwärmen auf dem Wasserbade soll sich das Thymol vollständig verflüchtigen.

Zimtaldehyd.

Cinnaldehydum. — Cinnamic Aldehyde.

Amerika VIII 1905.

$$C_9 H_8 O = 131,07.$$

Ein aus Zimtöl erhaltener oder künstlich dargestellter Aldehyd, der nicht weniger als 95 % reinen Zimtaldehyd enthält.

Er ist fast identisch mit dem aus Cassia Cinnamonum destillierten Öle und soll in kleinen, bernsteinfarbigen, gut verschlossenen Flaschen aufbewahrt werden.

Farblose Flüssigkeit, die einen zimtartigen Geruch und einen brennenden, aromatischen Geschmack hat. Spez. Gewicht bei 25° = 1,047. Optisch inaktiv.

Siedepunkt ungefähr bei 250° C unter teilweiser Zersetzung. Zimtaldehyd soll fest werden, wenn die Temperatur durch eine Kältemischung von Eis und Salz erniedrigt wird, und soll wieder schmelzen bei — 7,5 ⁰ C. Er ist wenig löslich in Wasser, löslich in allen Verhältnissen in Alkohol (95 Vol. ⁰/o), Äther und fetten und flüchtigen Ölen. Wenn die Schlinge eines Stückes blanken Kupferdrahtes in eine nichtleuchtende Flamme gehalten wird, bis sie glüht, dann abgekühlt und die Schlinge in Zimtaldehyd getaucht, angezündet und so gehalten wird, daß die Flüssigkeit an der Außenseite der Flamme brennt, so darf, wenn die Schlinge dann leicht mit dem unteren äußeren Rande der Flamme in Berührung gebracht wird, sich keine grüne Farbe zeigen (Abwesenheit von chlorhaltigen Produkten).

Bestimmung des Zimtaldehyd:

Man bringe in einen tarierten 150 ccm Kolben mittelst einer Bürette 12 Tropfen Zimtaldehyd und notiere das genaue Gewicht, füge 5 ccm destillierten Wassers und einige Tropfen Phenolphthalein hinzu und neutralisiere dann die Lösung genau durch sorgfältigen Zusatz von Zehntel-Normal-Natronlauge. Nun setze man 50 ccm Natriumsulfitlösung (1 : 5) hinzu und setze den Kolben in ein Wasserbad mit kochendem Wasser. Dann füge man mit einer Bürette gerade genügend Halb-Normal-Salzsäure hinzu, um die Neutralität der Mischung aufrecht zu erhalten, schüttele den Kolben häufig unter beständigem Erhitzen und füge ferner 1 oder 2 Tropfen Phenolphthalein hinzu. Wenn ein dauernder Zustand der Neutralität erreicht ist, notiere man die Anzahl der verbrauchten ccm Halb-Normal-Salzsäure.

Nun führe man noch einen Versuch aus, bei dem aber Zimtaldehyd wegzulassen ist und notiere die Anzahl der verbrauchten ccm Halb-Normal-Salzsäure. Man ziehe nun die Anzahl der ccm Salzsäure, welche der zweite Versuch erfordert hat, von der Anzahl der bei dem Originalversuche verbrauchten ccm ab. Jeder ccm der Differenz entspricht 0,033 g Zimtaldehyd. Um den Prozentgehalt zu finden, multipliziere man die obige Differenz mit 0,033 und das Produkt mit 100 und dividiere durch das angewendete Gewicht des Zimtaldehyds.

Österreich
VIII
1906.

Cinnamalum.

Der aus dem ätherischen Öle des Zimtes erhaltene Aldehyd.

Klare gelbe Flüssigkeit von dem eigenartigen Geruche und Geschmacke des Zimtes, vom spez. Gewicht 1,054—1,056 bei 15⁰; in Weinsprit 90⁰/o in jedem Verhältnis löslich.

Mischt man einige Tropfen Zimtaldehyd mit dem gleichem Volumen konzentrierter Salpetersäure unter Abkühlung, so gehen sie in eine gelbe Kristallmasse über, die sich in Wasser teilweise löst unter Abscheidung eines gelben Öles.

Die alkoholische Lösung (1 = 50) soll durch Zusatz eines Tropfens Eisenchloridlösung nicht verändert werden.

Mischt man 2 ccm Zimtaldehyd mit dem gleichen Volumen einer Lösung von Natrium hydrosulfurosum (3 = 10) und erwärmt auf dem Wasserbade, so entsteht eine feste Masse, die sich bei fortdauerndem Erwärmen durch ganz allmählichen Zusatz von 22 ccm dieser Lösung vollständig löst.

Schwe-
den IX
1908.

Cinnamalum.   Kanelaldehyd.

Gelbliche Flüssigkeit mit starkem Geruche nach Zimt und intensiv süßem, dann etwas brennendem Geschmacke.

Spez. Gewicht bei $15^0 = 1,054$ bis $1,056$.

Zimtaldehyd erstarrt bei sehr starkem Abkühlen, schmilzt wieder bei $- 7,5^0$ und siedet unter teilweiser Zersetzung bei ungefähr 252^0. Zimtaldehyd ist optisch unwirksam und kann in allen Verhältnissen mit Alkohol (90 Vol. %) gemischt werden. Mischt man ein paar Tropfen davon unter Abkühlung mit einer gleichen Anzahl Tropfen rauchender Salpetersäure, so erstarrt die ganze Flüssigkeit zu einer gelben Kristallmasse, welche unter Abscheidung von gelben Öltropfen von Wasser gelöst wird.

Beim Erwärmen von ammoniakalischer Silberlösung mit ein paar Tropfen Zimtaldehyd scheidet sich metallisches Silber ab. Zimtaldehyd soll sich beim Erwärmen in Natriumbisulfit lösen.

Die alkoholische Lösung (1 + 50) darf durch einen Tropfen Eisenchlorid nicht verändert werden.

Verbrennt man ein mit einigen Tropfen Zimtaldehyd getränktes Stück Filtrierpapier unter einem umgestülpten, geräumigen Glasbecher, der auf der Innenseite mit Wasser angefeuchtet ist, und spült dann den Becher mit ungefähr 20 ccm Wasser aus, so soll man eine Flüssigkeit erhalten, die nach dem Filtrieren durch Silbernitrat nicht verändert wird.

Soll wie flüchtige Öle aufbewahrt werden.

Wird Zimtöl (Aetheroleum Cassiae) vorgeschrieben, so kann Zimtaldehyd abgegeben werden.

Bearbeitet sind die zurzeit gültigen Arzneibücher von:

Amerika (Vereinigte Staaten von Nordamerika) .	8. Ausgabe vom Jahre			1905
Belgien	3. „	„	„	1906
Dänemark	7. „	„	„	1907
Deutschland	5. „	„	„	1910
England	„	„	„	1898
Frankreich	„	„	„	1908
Japan	3. „	„	„	1907
Italien	3. „	„	„	1909
Niederlande	4. „	„	„	1905
Österreich	8. „	„	„	1906
Rußland	6. „	„	„	1910
Schweden	9. „	„	„	1908
Schweiz	4. „	„	„	1907
Spanien	7. „	„	„	1905